DE

LA SCLÉROSE

EN

PLAQUES DISSÉMINÉES

PAR

BOURNEVILLE et L. GUÉRARD

NOUVELLE ÉTUDE

SUR QUELQUES POINTS

DE LA SCLÉROSE EN PLAQUES DISSÉMINÉES

PAR

BOURNEVILLE

AVEC 10 FIGURES INTERCALÉES DANS LE TEXTE

Et une planche en chromo-lithographie

PARIS

ADRIEN DELAHAYE, LIBRAIRE-ÉDITEUR

PLACE DE L'ÉCOLE-DE-MÉDECINE

1869

DE

LA SCLÉROSE

EN

PLAQUES DISSÉMINÉES

PAR

BOURNEVILLE et L. GUÉRARD

NOUVELLE ÉTUDE

SUR QUELQUES POINTS

DE LA SCLÉROSE EN PLAQUES DISSÉMINÉES

PAR

BOURNEVILLE

AVEC 10 FIGURES INTERCALÉES DANS LE TEXTE

Et une planche en chromo-lithographie

PARIS
ADRIEN DELAHAYE, LIBRAIRE-ÉDITEUR
PLACE DE L'ÉCOLE-DE-MÉDECINE

1869

A M. CHARCOT

Médecin de la Salpêtrière, professeur agrégé à la Faculté de médecine de Paris, etc.

DE LA

SCLÉROSE

EN PLAQUES DISSÉMINÉES

INTRODUCTION

Le nom de *sclérose* (σκληρός) indique communément un endurcissement, une induration morbides des tissus, caractérisés par l'atrophie ou la disparition des éléments constitutifs d'un organe et par la substitution en leur lieu et place du tissu conjonctif.

Cette altération s'observe assez souvent dans les centres nerveux, et en particulier dans la moelle. Elle consiste alors en une atrophie, une destruction plus ou moins complète des éléments nerveux et dans la prolifération du tissu conjonctif: les éléments de la névroglie, en s'hypertrophiant, se substituent aux éléments nerveux (cellules et tubes).

Considérée suivant son *siége,* la sclérose des centres nerveux est *encéphalique* ou *spinale,* — suivant sa *forme,* elle est *rubanée, disséminée* ou *périphérique.*

Quand la sclérose est rubanée, pour nous servir d'une expression de M. Ch. Bouchard, elle est *primitive* ou *se-*

condaire : dans le premier cas, elle affecte à peu près isolément tantôt les cordons postérieurs et donne lieu à l'affection dont « l'ataxie des mouvements est un symptôme si remarquable » (Vulpian); tantôt et plus rarement, les cordons antéro-latéraux quelquefois avec prédominance du côté des cordons antérieurs, ainsi que le démontre un fait observé par M. Charcot (1).

Lorsque la sclérose spinale est secondaire, par exemple lorsqu'elle survient à la suite de tumeurs des méninges, de collections purulentes, de fractures, etc., qui compriment la moelle, il existe à la fois une dégénération ascendante occupant les cordons postérieurs, et une dégénération descendante intéressant les cordons antéro-latéraux (2).

Quant à la *sclérose en plaques disséminées* (Charcot), elle consiste, son nom l'indique, en un nombre variable d'îlots scléreux répandus sans ordre sur les différents cordons de la moelle et sur les diverses parties de l'encéphale.

Dans notre travail nous traiterons exclusivement de la sclérose en plaques disséminées. Cette tâche nous est rendue facile grâce à l'obligeance de M. Charcot qui a bien voulu mettre à notre disposition les observations recueillies dans son service, à l'hospice de la Salpêtrière, et les leçons qu'il a professées dans le même hospice.

(1) *Sclérose des cordons latéraux de la moelle épinière chez une femme hystérique, atteinte de contracture permanente des quatre membres*. 1865. — *Leçons cliniques*, 1868.

(2) *Des dégénérations secondaires de la moelle épinière*, par Bouchard Mém. in-8° de 90 pages; Paris, 1866.

CHAPITRE PREMIER

Historique.

Les travaux publiés sur la sclérose en plaques disséminées sont peu nombreux, aussi pourrions-nous nous contenter de les énumérer dans l'ordre chronologique. Néanmoins, afin de mettre plus de clarté dans notre récit, nous les diviserons en deux catégories, répondant à deux périodes très-distinctes de l'histoire de la sclérose en plaques disséminées. La première comprendra tous les faits mentionnés par les auteurs sous des noms variés, alors qu'on n'avait aucune idée exacte sur les symptômes propres à cette maladie; la seconde commence en 1866, époque où M. Vulpian réunit dans un mémoire les faits observés à la Salpêtrière par lui et M. Charcot, et s'étend jusqu'au moment actuel. Nous trouvons en tête du travail de M. Vulpian les principales indications bibliographiques relatives à la première période. Elles sont dues à M. Charcot qui les a ultérieurement complétées d'abord dans la thèse de M. Ordeinstein, ensuite dans son cours à la Salpêtrière (mai 1868).

Première période. — *Période anatomo-pathologique.* — C'est dans l'*Atlas d'anatomie pathologique* de M. Cruveilhier (Liv. XXXII, pl. II, fig. 4 et Liv. XXXVIII, pl. 1 et 2.) que se trouvent les deux premiers faits de sclérose en plaques disséminées. Les descriptions de l'auteur, les dessins qui les accompagnent ne laissent aucun doute à cet égard. Afin de montrer quel était l'état de la science au moment de la publication de cet ouvrage si remarquable (1835-1842), nous allons consigner ici ces deux observations.

OBSERVATION PREMIÈRE.

SCLÉROSE EN PLAQUES DISSÉMINÉES (FORME CÉRÉBRO-SPINALE)

Paraplégie : Dégénération grise de la moelle, du bulbe, de la protubérance, des pédoncules cérébelleux, des couches optiques, du corps calleux, de la voûte à trois piliers.

Dargès, 37 ans, cuisinière, à la Salpêtrière (division dite des *gâteuses*), depuis deux ans; malade depuis six ans, sans cause connue. Il y a six ans, elle s'aperçut que la jambe gauche résistait à sa volonté, au point de la faire tomber dans la rue. Trois mois après, la jambe droite se prit comme la gauche. Les membres supérieurs finirent par participer à la paralysie : ils étaient tremblants, faibles, mais la malade pouvait encore s'en servir pour prendre des aliments. La sensibilité persistait; le chatouillement des pieds déterminait une rétraction très-prononcée du membre inférieur. Du reste, la malade était condamnée à l'immobilité. Je n'ai pas noté de rétraction spasmodique, de secousses douloureuses dans les membres. Je l'observai, à son entrée, il y a deux ans; elle rendait parfaitement compte de son état, bien que l'articulation des sons fût embarrassée.

Je la suivis pendant les deux ans qui s'écoulèrent depuis son entrée jusqu'à sa mort. Elle s'obstina à rester dans sa division (Gâteuses incurables), et refusa constamment de venir à l'infirmerie. Je la voyais tous les huit jours; son intelligence était parfaite. Elle souriait à mon approche et me saluait avec expression; mais, quand je lui adressais la parole, elle était prise d'une émotion difficile à rendre. Elle rougissait, riait, pleurait; ses membres et son tronc étaient saisis de mouvements involontaires, qui la faisaient s'agiter sur sa chaise percée, les muscles faciaux, agités de grimaces, et l'articulation des sons beaucoup plus difficile que lorsqu'elle était revenue de cet état de trouble. Du reste, elle finissait par se faire entendre. La difficulté dans l'articulation des sons tenait surtout aux mouvements de la langue qui n'y prenait presque aucune part.

Déglutition difficile, ce qui supposait une diminution dans l'action musculaire de la langue et de l'arrière-bouche. Jamais de céphalalgie. La malade entendait à merveille, mais elle se plaignait d'avoir la vue affaiblie.

Cinq, six mois avant sa mort, dépérissement notable, fièvre, respiration fréquente, toux incomplète, jamais suivie d'expectoration : d'où engouement des bronches qui se débarrassent par moment. L'articulation des sons devient très-difficile, de même que la déglutition. Des eschares au sacrum se forment et s'agrandissent. L'intelligence persiste jusqu'au dernier moment.

J'avais diagnostiqué une lésion de la partie supérieure de la moelle. J'avais même été tenté, dans le principe, de considérer cette maladie comme tenant à une compression du bulbe et de la protubérance par une tumeur développée dans les fosses occipitales inférieures; mais le défaut complet de céphalalgie m'avait éloigné de cette idée.

Ouverture du corps.—Poumons tuberculeux, en outre, pneumonie lobulaire, pneumonie œdémateuse, bronchite. La malade est morte par les poumons.

État de la moelle. — Face antérieure. Bulbe rachidien.

Les pyramides antérieures sont grises, mais fasciculées. L'olive gauche est saine ; l'olive droite est grise, excepté dans un point de sa surface où elle présente une île de substance blanche. Les corps restiformes présentent également une tranformation grise. Une coupe horizontale du bulbe sur le milieu de l'olive, me permet de voir que la transformation grise occupe toute l'épaisseur des pyramides, de l'olive droite et des corps restiformes. Les filets nerveux qui naissent du bulbe, savoir : les racines du grand hypoglosse, du glosso-pharyngien et du pneumo-gastrique, sont gris, au moins en apparence, réduits à leur névrilème.

La transformation grise s'étendait du bulbe rachidien sur la face antérieure de la moelle dans l'étendue de deux pouces; les parties grises étaient très-denses et fasciculées. On voit deux îles blanches au niveau de l'entrecroisement des pyramides; à deux pouces au-dessous du bulbe reparaît la substance blanche et, plus bas, la transformation grise.

La portion de moelle étendue de la première paire dorsale à l'origine de la deuxième paire lombaire est molle, diffluente, mêlée de blanc et de gris; elle est comme gélatineuse, demi-transparente; une île de substance grise se voit à la réunion des deux tiers supérieurs avec le tiers supérieur de la moelle.

La partie inférieure de la moelle, vue antérieurement, offre une altération qui a beaucoup de rapport avec celle du bulbe rachidien. Tandis que la partie moyenne de la moelle est molle, diffluente et comme désorganisée, cette partie inférieure est très-dense et fasciculée, bien qu'elle ait subi la transformation grise, sauf quelques portions qui présentent des îles blanches.

La face postérieure de la moelle est saine, excepté au niveau du bulbe rachidien, qui présente une très-grande densité, une destruction partielle de la substance blanche, de telle manière qu'on voit alterner des îles blanches et des îles gris-jaunâtres. La substance grise est très-dense, et les fibres blanches semblent avoir été détruites au niveau de cette substance. Les racines postérieures des nerfs spinaux ne sont pas sensiblement atrophiées et contrastent sous ce rapport avec les racines antérieures.

Protubérance.—A subi la transformation grise, sauf dans quelques points où elle présente des vestiges de substance blanche disposés à la manière d'îles.

Ces îles de substance blanche sont en léger relief. Leur circonférence est comme dentelée. Il est donc probable que la couche superficielle de cette substance blanche a été détruite au niveau de la transformation grise. La protubérance est d'ailleurs très-dense, et paraît en quelque sorte, racornie, atrophiée. L'origine du nerf de la cinquième paire est représentée par un gros tubercule gris. La densité, la couleur grise et l'atrophie observées dans la protubérance se continuent dans les pédoncules cérébelleux, occupent même toute leur épaisseur, et chose bien remarquable, malgré l'atrophie de ses pédoncules moyens, le cervelet n'avait pas diminué de volume ; ses lamelles de divers ordre, les proportions de sa substance blanche et de sa substance grise étaient les mêmes : cette espèce d'indépendance du cervelet et des pédoncules cérébelleux est bien remarquable. Nous avons vu que les corps restiformes étaient atrophiés. J'ai fait plusieurs coupes à la protubérance pour déterminer quelle était l'épaisseur de la substance ou mieux de la transformation grise ; tout l'étage inférieur de la protubérance avait subi cette transformation : les pédoncules cérébelleux l'avaient également éprouvée dans toute leur épaisseur.

Cerveau.—Le pédoncule cérébral droit avait éprouvé la transformation grise dans sa couche inférieure, c'est-à-dire dans celle qui fait suite aux pyramides antérieures ; cette couche inférieure était dense, fasciculée et semblait n'avoir pas diminué de volume. La bandelette optique qui la contourne est indurée et grise comme lui. L'extrémité antérieure du corps genouillé externe est indurée et grise comme le ruban optique qui lui fait suite.

La couche optique droite paraissait, au premier abord, avoir subi la transformation grise dans la plus grande partie de sa face supérieure. Cependant, en examinant avec attention, il m'a paru qu'il y avait seulement destruction de la couche blanche qui revêt la substance grise.

Le corps calleux a subi la transformation grise avec induration considérable dans plusieurs points de sa longueur, ces indurations forment des espèces d'îles d'inégale dimension ; elles occupent presque toujours une partie seulement de l'épaisseur de ce corps ; plusieurs sont formées aux dépens des couches les plus inférieures : telles étaient deux larges plaques, dont l'une occupait le genou ou le point de réflexion antérieur du corps calleux, et l'autre occupait le bourrelet postérieur.

La voûte à trois piliers m'a présenté plusieurs points indurés et gris : l'induration grise s'étend dans toute la longueur de la bandeette qui borde la corne d'Ammon. Ici, comme partout ailleurs, la ligne de démarcation est bien tranchée entre la substance blanche normale et la dégénération grise.

J'ai trouvé cette transformation grise avec induration sur le trajet de plusieurs radiations des corps striés. Reste à déterminer en quoi consiste cette transformation grise. On ne saurait ne pas admettre une transformation de tissu ; car, dans un grand nombre de points, les parties grises étaient fasciculées et représentaient parfaitement, sauf la couleur, les parties blanches qu'elles remplaçaient. De nouveaux faits viendront sans doute nous éclairer à cet égard.

OBSERVATION II.

SCLÉROSE EN PLAQUES DISSÉMINÉES (FORME CÉRÉBRO-SPINALE)

Insensibilité presque complète des membres inférieurs. Diminution de la sensibilité des membres supérieurs. Diminution notable, mais relativement moindre, de la myotilité — Dégénération grise beaucoup plus considérable dans les cordons postérieurs que dans les cordons antérieurs de la moelle épinière. — Suppuration de la synoviale sous-deltoïdienne. — Mort par pleurésie.

Paget (Joséphine), âgée de 38 ans, entre à l'hôpital de la Charité (salle Saint-Joseph), n° 16), le 4 mai 1840, pour une bronchite. M'étant aperçu que les mouvements des membres supérieurs étaient faibles et incertains, je l'interroge à ce sujet, et j'apprends que la malade est très-affaiblie depuis quelque temps. Pour mieux apprécier son état, je la fais lever : elle se soutient et marche sur ses jambes : évidemment le membre inférieur gauche est plus faible que le membre inférieur droit.

Voici d'ailleurs l'analyse de l'état des membres quant au sentiment et quant au mouvement :

Membres inférieurs. — *Insensibilité presque complète des mem-*

bres inférieurs. — Il n'y a sous ce rapport aucune différence entre le côté gauche et le côté droit; cette insensibilité s'applique au pincement, à la piqûre avec une épingle et au chatouillement. Je n'ai pas noté si elle s'appliquait également au froid et au chaud. Non-seulement la malade sent à peine la piqûre ou le pincement, mais encore ce pincement et cette piqûre ne déterminent aucun mouvement que lorsqu'on frotte rudement cette plante.

La *myotilité volontaire* existe en partie dans les membres inférieurs, surtout à droite. La malade meut volontairement les orteils, le pied, la jambe; mais lorsqu'on soulève le membre, elle ne peut le maintenir dans cette attitude. Jamais les membres inférieurs ne sont agités par des crampes ou par des secousses convulsives, douloureuses ou non douloureuses.

Membres supérieurs. — La sensibilité des membres supérieurs est singulièrement diminuée. J'engage la malade à saisir et à attacher une épingle. Pour la saisir et pour la diriger, la malade a besoin du secours de la vue, et lorsque je l'empêche de suivre de l'œil les mouvements de la main, l'épingle tombe des doigts, et néanmoins, la malade qui croit encore la tenir, exécute les mêmes mouvements que si elle la tenait encore. D'un autre côté, la précision et surtout la force de ses mouvements n'est pas assez considérable pour lui permettre, même avec le secours de la vue, d'attacher convenablement l'épingle. Du reste, la malade ne se plaint d'aucune douleur.

Myotilité. — Le membre supérieur droit se meut avec agilité bien mieux que le membre supérieur gauche, et c'est principalement de ce membre qu'elle se sert pour vaquer à ses divers besoins; c'est avec la main droite qu'elle saisit ses couvertures pour se couvrir; mais cette agilité est sans force, et quand je dis à la malade de me serrer la main, elle exerce à peine une légère pression.

Voici les commémoratifs : il y a huit ans, qu'à la suite d'un refroidissement, la malade avait éprouvé un rhumatisme articulaire très-douloureux avec tuméfaction qui parcourut successivement toutes les articulations; ce rhumatisme la retint au lit et dans l'immobilité pendant neuf mois. Elle raconte qu'on la remuait comme un enfant; peu à peu elle reprit des forces et put marcher, d'abord avec des béquilles, puis sans béquilles, assez pour faire de très-longues courses et pour remplir les fonctions de femme de chambre.

Parmi ses fonctions, était compris le soin de frotter l'appartement, ce qui lui faisait souvent cracher le sang.

L'affaiblissement des membres débuta, il y a dix-huit mois environ, par des fourmillements à la plante des pieds et aux jambes ; bientôt les bras tremblèrent, la malade devint maladroite et laissait tomber tout ce qu'elle portait à la main, si bien qu'il y a un an, il lui fut impossible de continuer son service. A cette époque, la malade pouvait encore marcher et coudre. Il y a trois mois, elle commença à traîner les jambes, et principalement la jambe gauche. Lorsqu'elle était obligée de sortir pour aller chercher de l'ouvrage, elle avait soin de marcher le long des maisons, de choisir le côté droit de la rue, afin de pouvoir s'accrocher de la main droite qui était plus forte que la main gauche ; souvent ses jambes ployaient sous elle ; souvent encore elle faisait des faux pas, et la fatigue l'obligeait à se reposer de temps en temps sur une borne. Bientôt il ne lui fut plus possible, ni de marcher, ni de tenir son aiguille ; ses doigts s'engourdissaient comme quand on a les fourmis. Son pain, sa cuillère s'échappaient de sa main.

Je diagnostique une maladie du tissu propre de la moelle, et je me fonde principalement sur l'absence de douleurs, de crampes, de secousses, de rigidité. Une paralysie par compression, à moins qu'elle ne soit complète et avec altération profonde du tissu de la moelle, m'a toujours paru s'accompagner des phénomènes d'irritation du cordon rachidien.

Pendant que j'avisais aux moyens, hélas ! bien peu certains de remédier à cette maladie, la malade est prise, le 9 mars, de douleurs extrêmement vives au membre supérieur gauche, et plus particulièrement à la région deltoïdienne ; elle n'a pas perdu la faculté de mouvoir les doigts ; et il est bien évident qu'il n'y a pas augmentation de la paralysie, mais bien douleur surajoutée.

Je pense à l'arachnitis spinale aiguë, qui, comme je crois l'avoir établi par des faits, présente une association singulière de la paralysie et de la douleur ; et je suis d'autant plus fondé à l'admettre, qu'au milieu de cette excessive douleur du membre par l'effet de la moindre pression et du moindre mouvement, la peau a conservé son insensibilité, je ne puis pas toucher le membre sans faire pousser des cris à la malade ; la simple approche du doigt la fait crier d'avance ; mais si je n'exerce pas de pression, je puis pincer violemment la peau au niveau de la région douloureuse, sans causer la moindre douleur : c'est cette opposition, ce contraste entre l'insensibilité de la peau et la sensibilité exquise des muscles et autres parties subjacentes, qui me firent penser à l'arachnitis spinale. D'un autre côté, la lésion étant bornée à un membre, il était bien difficile d'admettre une arachnitis spinale resserrée dans de semblables limites, c'est-à-dire à la région cervicale et même à la moitié gauche de cette région.

Quoi qu'il en soit, que nous ayons affaire à un rhumatisme ou à une arachnitis spinale, je prescris une saignée au bras, le matin et le soir 24 grains de gomme-gutte en six pilules, une de quatre en quatre heures. Évacuations alvines très-abondantes.

Les 10 et 11 mars, la douleur subsiste, mais elle ne dépasse pas le membre supérieur ; d'un autre côté, la malade remue très-bien les doigts de ce membre, circonstance qui m'éloigne entièrement de l'idée que nous avions affaire à une arachnitis spinale. Le 11, la malade accuse un symptôme qui me paraît à peu près constant dans les affections de la moelle ou de ses membranes, savoir un sentiment de constriction circulaire de l'abdomen ; chez la plupart des malades, c'est une ceinture ou une barre circulaire occupant diverses hauteurs, quelquefois le bassin, d'autres fois la région ombilicale, chez quelques-uns enfin, la région épigastrique. Chez notre malade, c'est la sensation d'un corset qui la gêne ; elle ne peut pas tousser, elle ne peut pas faire le moindre effort pour aller à la selle, pour uriner ; ce n'est qu'à grand' peine et à la suite d'une contraction très-forte des muscles abdominaux, que les urines sont expulsées. L'autopsie va nous prouver que ce sentiment était, dans ce cas, le résultat d'une pleurésie.

Le 12 mars, diminution notable des douleurs dans le membre supérieur gauche. Pour la première fois, elle accuse des douleurs dans le membre inférieur du même côté ; on dirait que des chiens la rongent ; elle a crié toute la nuit. Même difficulté pour expulser les urines, si bien que la malade garde le bassin toute la nuit. Toux catarrhale, fièvre, respiration fréquente. Les organes de la respiration sont évidemment le siége des accidents nouveaux survenus depuis le 11 ; mais je n'ose faire mettre la malade sur son séant pour l'explorer, son état me paraît d'ailleurs sans espérance. — Eschare considérable au sacrum. Les jours suivants, la fièvre, la toux, la gêne de la respiration persistent ; la poitrine s'engoue ; l'expectoration est très-difficile; le pouls devient faible sans perdre de sa fréquence; il n'y a pas d'augmentation dans les phénomènes paralytiques. La malade meurt asphyxiée par engouement des bronches dans la nuit du 19 au 20 mars, neuf jours après l'invasion des nouveaux accidents.

Ouverture du cadavre. — 1° J'examine avec beaucoup de soin le *plexus brachial* du côté gauche : rien. Je trouve la source de la douleur deltoïdienne dans une couche purulente, située sous le deltoïde, entre ce muscle et l'articulation, ou plutôt dans la synoviale de l'articulation supplémentaire de l'articulation du bras avec l'épaule. Ce pus est adhérent (1). L'articulation scapulo-humérale est d'ailleurs parfaitement saine; enfin, pour ne rien omettre, comme la malade avait été saignée, j'examine les veines; il n'y avait pas de phlébite.

2° Il existait une pleurésie à gauche, caractérisée par un épanchement séreux et une pseudo-membrane en gelée, aréolaire, verdâtre, remplissant la cavité de la plèvre. La pleurésie occupait la plèvre diaphragmatique, toute la surface du lobe inférieur du poumon gauche, et la partie correspondante de la plèvre pariétale et médiastine. La plèvre qui répond au lobe supérieur du poumon était exempte d'inflammation, excepté à la partie inférieure de la face externe de ce lobe. Les fausses membranes qui recouvraient la plèvre, ayant été détachées, présentaient, du côté de la surface adhérente, de grandes taches ou macules de sang; et de la surface devenue libre, de la plèvre correspondante qui n'était nullement épaissie, suintaient des gouttelettes de sang. Du reste, le poumon est affaissé, flétri, mais dans toute la partie seulement qui a été comprimée par l'épanchement. Des incisions, pratiquées sur cet organe, donnent une grande quantité de mucus opaque qui remplissait les canaux bronchiques.

3° *Moelle épinière.* — Rien dans les méninges rachidiennes. Au premier abord, la moelle elle-même paraît saine et offrir sa consistance naturelle; mais, avec un peu d'attention, je reconnais même à travers la membrane propre, que la moelle a subi la dégénération

(1) Ces lésions nous semblent rentrer dans la catégorie des lésions par troubles de la nutrition, à côté des arthropathies des ataxiques, signalées pour la première fois par M. Charcot (Voir P. Dubois, *Quelques considérations sur l'ataxie locomotrice progressive.* 1868.)

grise, et que cette dégénération occupe, dans une assez grande étendue, l'intervalle qui sépare les racines antérieures des postérieures.

La moelle ayant été dépouillée de son névrilème propre, la dégénération grise apparaît dans toute son évidence, sous la forme de taches plus ou moins considérables. On voit que cette dégénération occupe divers points de la circonférence de la moelle, mais qu'elle est bien plus considérable à la partie postérieure qu'à la région antérieure. Les colonnes antérieures de la moelle ne présentent qu'un très-petit nombre d'îles grises, qui n'interceptent qu'une partie des fibres de ces cordons. Les colonnes postérieures et latérales de la moelle sont intéressées dans une bien plus grande étendue. Les racines antérieures et postérieures des nerfs spinaux n'avaient d'ailleurs subi aucune atrophie notable. Quant à la profondeur de cette dégénération grise, elle était très-variable suivant la région. Une coupe montre que cette dégénération qui a envahi les faisceaux postérieurs et latéraux, n'est point du tout superficielle, mais pénètre jusqu'au voisinage du centre de la moelle. Je ferai remarquer que, relativement à la dégénération grise, la ligne médiane n'est pas une limite, que les sillons de séparation des cordons médullaires ne sont pas non plus une limite, et que l'altération semble envahir presque indifféremment un groupe plus ou moins considérable de faisceaux, à peu près comme dans les foyers apoplectiques, sur la production desquels la distinction des faisceaux, fibres et lamelles du cerveau, ne paraît être que d'une importance bien secondaire.

La même dégénération grise s'observe à la manière de taches sur plusieurs points de la protubérance annulaire; l'une de ces taches avoisine la cinquième paire; toutes ont une certaine profondeur.

Ces observations ont une valeur considérable; elles nous offrent des particularités qui, dès maintenant, méritent d'être signalées. Dans la première, nous lisons que les membres, le tronc étaient saisis de mouvements involontaires, que l'articulation des sons devenait beaucoup plus difficile lorsque la malade était sous l'influence d'une émotion; enfin, l'émotion cessant, ces phénomènes qui, sans doute, n'étaient autres que du tremblement, disparaissaient. A l'autopsie que trouve-t-on? De nombreuses *îles* de dégénération grise dans les divers départements de l'encéphale et dans la moelle. — Dans la seconde observation, le mode de début, l'affaiblissement des jambes, le tremblement sont autant de phénomènes qui, nous le verrons, se rattachent naturellement à la sclérose en plaques. Quant aux troubles de la sensibilité, l'étendue des altérations des cordons postérieurs en fournit, croyons-nous, une explication plausible.

M. Cruveilhier, du reste, comprenait parfaitement qu'il s'agissait là de cas curieux, inexplicables avec les notions jusque-là acquises. Ceci ressort des commentaires qui suivent la seconde observation.

M. Cruveilhier se demande quelle est la nature de la lésion. « C'est, dit-il, un tissu intéressant à étudier que « cette dégénération grise qui se présente au premier « abord sous l'aspect de taches superficielles, mais qui « occupe une certaine profondeur et au niveau de laquelle la substance blanche a complétement disparu. « Ce tissu est dense, bien plus dense que la moelle qu'il « remplace exactement, ni plus ni moins, comme s'il « était destiné à remplir les vides sans disposition linéaire, et je ne puis comparer ce tissu à aucun autre « tissu morbide. »

Après M. Cruveilhier, Carswell, dans l'article : *Atrophy* de son Atlas (1838), a fait dessiner des lésions qui se rapportent à la sclérose en plaques (1). Carswell, qui avait puisé les matériaux de son ouvrage dans les hôpitaux de

(1) V. *Illustrations of the elementary forms of disease*, article *Atropay*, pl. IV, fig. 4. London, 1838.

Paris, ne relate à ce propos aucun fait clinique. Nulle part ailleurs, en Angleterre, on ne trouve d'indications relatives à la sclérose en plaques (Charcot).

Pendant quelques années, cette question tombe dans un oubli presque complet aussi bien en France qu'en Angleterre, alors l'Allemagne nous fournit de nouveaux éléments.

Ludwig Türck publie en 1855 quelques cas de sclérose en plaques (1). Laissant de côté le point de vue clinique, L. Türck cherchait à tirer des lésions anatomiques des déductions physiologiques ; il se préoccupait surtout de savoir quelles étaient les modifications que ces plaques de sclérose apportaient dans la transmission des impressions sensitives et des excitations motrices à travers la moelle.

Rokitansky (2) indique cette espèce d'altération des centres nerveux dans son grand ouvrage sur l'anatomie pathologique.

Frerichs (3), Valentiner (4) publient des observations. Rendfleisch (5), Leyden (6), Zenker (7) apportent éga-

(1) *Beobachtungen ueber das Leitungsvermœgen des menschlichen Rückenmarks* (*Sitzungsberichte der Kais. Akademie der Wissenschaften, mathem. naturw. class.*, t. XVI. 1855, p. 329.)

(2) *Lehrbuch der pathologischen Anatomie.* Zweiter Band., p. 488.

(3) *Haeser's archiv.* Band. X.

(4) *Ueber Die Sclerose des Gehirns und Rückenmarks.* (*Deutsche Klinik.* 1656, n° 14.)

(5) *Histologische Detail zu der grauen Degeneration von Hirn und Rückenmarks* (*Virch. Arch.* B. XXVI, Heft 5 und 6, p. 474.)

(6) *Ueber graue Degeneration des Rückenmarks.* (*Deutsche Klinik*, n° 13, 1863.)

(7) *Ein Bitrag zur sclerose des Hirns und Rückenmarks.* (*Zeitschrift für rat. Medizin.* B. XXIV, 2 et 3, Heft.)

tement leur contingent à l'histoire de la sclérose en plaques.

A l'époque où se publiaient en Allemagne ces derniers travaux, MM. Charcot et Vulpian constataient les altérations caractéristiques de la sclérose en plaques (1862-1863), et au Congrès de Lyon (1864), M. Ch. Bouchard se basant particulièrement sur des faits réunis à la Salpêtrière dans le service de M. Charcot, revint sur ce sujet et signala les différentes formes que revêt la sclérose dans le système nerveux. — Cette distinction, — *Sclérose rubanée*, — *Sclérose en plaques*, — est mentionnée de nouveau par M. Charcot (1), en 1865.

Pour de plus amples détails, en ce qui concerne les publications ultérieures, nous renvoyons maintenant au paragraphe suivant.

DEUXIÈME PÉRIODE. — (*Période clinique.*) — Les travaux et les observations que nous avons cités précédemment, contiennent des éléments cliniques importants qui sont restés isolés pendant longtemps.

La première tentative d'une description des symptômes de la sclérose en plaques a été faite, dit M. Charcot, par Valentiner, alors assistant du Dr Frerichs à Breslau, en 1856 (2). Sa description faite sous le titre de *Sclérose du cerveau et de la moelle épinière* reposait sur quinze observations. Dans une de ses leçons cliniques (mai 1868),

(1) *Sclérose des cordons latéraux de la moelle épinière chez une femme hystérique, atteinte de contracture permanente des quatre membres.* 1865.

(2) *Wiener med. Wochenschrift.*

M. Charcot apprécie le travail de Valentiner de la manière suivante : « M. Valentiner, il est permis de le lui « reprocher, n'a pas procédé dans le groupement de ces « quinze observations, suivant une méthode bien rigou- « reuse. En effet, sous une même rubrique, il a réuni « des cas très-disparates, et qu'un examen attentif nous « permet de séparer les uns des autres. Nous trouvons « en premier lieu quatre cas qui appartiennent vérita- « blement à l'induration multiloculaire du cerveau, deux « personnels à l'auteur et parfaitement réguliers sous « tous les rapports, et deux autres empruntés à M. Cru- « veilhier. Nous trouvons ensuite un cas d'induration « rouge, trois d'ataxie locomotrice dus à M. Cruveilhier, « et qui figurent là sans motif bien appréciable. Enfin les « autres sont relatifs à la sclérose partielle du cerveau, « affection très-distincte de la sclérose en plaques. »

« Ces quinze cas se réduisent donc à quatre ayant « trait à la forme cérébrale et les seuls qui auraient dû « entrer en ligne de compte. Les autres faits ne font « qu'embarrasser le tableau clinique en le surchargeant « d'éléments étrangers. »

Aussi résulte-t-il de ce mélange de faits disparates une confusion qui, égarant le lecteur, a fait que ce travail n'a nullement contribué à catégoriser la sclérose en plaques disséminées.

La description de Valentiner a été reproduite, avec ses erreurs, par Hasse et Niemeyer. Aussi n'aurons-nous aucune donnée nouvelle à puiser chez ces auteurs.

En revanche, trouvons-nous des indications précieuses dans les observations qui ont paru à peu près à la même époque en Allemagne. Tout d'abord, nous citerons celles de Skoda (1862) (1), de Zenker (1864) (2), relatées sous le titre de : *Paralysie agitante.*

Pendant que ces publications voyaient le jour en Allemagne, le côté anatomique de la question, ainsi que nous l'avons déjà vu, était connu en France, par les recherches de MM. Charcot et Vulpian (1863-1865). Toutefois, le premier travail spécial qui ait paru dans notre pays est celui de M. Vulpian (1866) (3). Ce travail qui renferme trois observations recueillies à la Salpêtrière, une par M. Vulpian et deux par M. Charcot, a principalement trait à la forme spinale. Jusque-là, la forme cérébrale avait échappé aux médecins de la Salpêtrière. Bientôt la lumière se fit; la malade qui permit de distinguer la sclérose en plaques de la paralysie agitante, était domestique chez M. Charcot, depuis plusieurs années. M. Charcot avait pu ainsi l'observer à loisir. Elle présentait alors un tremblement de la tête et des membres qui, d'abord léger, s'était aggravé progressivement. M. Charcot, qui la croyait atteinte de paralysie agitante, avait remarqué cependant que chez elle, contrairement à ce qui a lieu dans cette dernière maladie, le tremblement, nul au repos, ne se manifestait qu'à l'occasion des mouvements volontaires. Cette femme, nommée Luc, devenue tout à fait incapable de travailler, fut placée à la Salpêtrière où elle mourut en avril 1866 : à l'autopsie,

(1) *Wien med. Halle* III, 13. 1862.
(2) *Zeitschrift für medicin*, XXIV. Band 2 und 3 Heft.
(3) *Note sur la sclérose en plaques de la moelle épinière. Union médicale.* 1866.

on trouva dans l'encéphale et sur la moelle de nombreuses plaques de sclérose.

Bientôt après, M. Charcot eut l'occasion d'observer dans son service, à la Salpêtrière, une malade qui présentait des symptômes semblables à ceux qui avaient été remarqués chez Luc. Il porta, pendant la vie, le diagnostic : *sclérose en plaques* (1866), diagnostic qui fut confirmé par l'autopsie (1868). En 1866, M. Jaccoud fit à l'hôpital de la Charité une leçon clinique qu'il a intitulée de la sclérose diffuse, et dans laquelle il a rappelé les travaux de Valentiner et de MM. Charcot et Vulpian. L'observation qui a été, pour ce médecin émiment, l'objet de développements cliniques, se rattache peut-être à la forme spinale de la sclérose diffuse; mais les symptômes ne nous ont point paru suffisamment accusés pour que l'on puisse décider, l'autopsie n'ayant pas été faite, s'il s'agit en réalité d'un cas de sclérose en plaques. Voici d'ailleurs, en résumé, l'histoire de cette malade telle que l'a rapportée M. Jaccoud (1).

OBSERVATION III

SCLÉROSE DIFFUSE

Émotion morale. — Tremblement généralisé et passager. — Faiblesse des jambes. — Douleurs dorsales. — Akinésie progressive (membres inférieurs et supérieurs). — Troubles légers de la sensibilité. — Incontinence de l'urine et des fèces. (JACCOUD *Clinique*, p. 420.)

Lehongre, 56 ans, d'une constitution robuste, n'a jamais fait de

(1) La malade est actuellement à la Salpêtrière, dans le service de M. Charcot. Nous l'avons vue l'année dernière, et nous avons pu vérifier l'exactitude des détails principaux donnés par M. Jaccoud.

maladie sérieuse avant celle qui l'a forcée à entrer à l'hôpital, il y a quelques mois... Il y a aujourd'hui (juillet 1866) deux ans et neuf mois, qu'à la suite d'une impression morale très-pénible, elle fut subitement saisie d'un tremblement général, auquel s'adjoignit le même jour une impossibilité complète de la marche et de la station debout. M. Jaccoud résume ainsi la première phase de la maladie : « Après une émotion morale, apparition subite d'un tremblement généralisé et d'une impuissance motrice des membres inférieurs, au bout de six semaines, guérison apparente avec affaiblissement persistant de la force musculaire. Vingt-un mois plus tard, sous l'influence prolongée du froid et de l'humidité, douleurs dorsales qui bientôt s'étendent aux membres, et, à la fin de la deuxième année, troubles de la motilité dans les jambes et dans les bras. »

Depuis l'entrée de la malade à l'hôpital, les accidents d'akinésie ont présenté une aggravation lente mais continuelle ; en revanche, les phénomènes douloureux, qui ont offert des caractères particuliers, se sont amendés. Au dire de la malade, dans les trois mois qui ont précédé son admission à l'hôpital, les douleurs étaient continues. A partir de là, jusqu'en juillet 1866 (huit mois), elles ont toujours présenté un double élément : l'un continu, l'autre paroxystique.

« Dans la région cervico-dorsale, il y a deux points qui sont constamment douloureux, soit spontanément, soit surtout à la pression ; l'un de ces points est au niveau de la septième vertèbre cervicale, l'autre, plus étendu, occupe la hauteur de la dernière dorsale et de toutes les vertèbres lombaires. Ces douleurs fixes qu'augmente la pression, soit sur les apophyses épineuses, soit sur les parties latérales de la colonne, sont très-modérées ; lorsqu'elles existent seules, elles ne privent pas la malade de sommeil ; c'est à vrai dire une gêne, un malaise continu plutôt qu'une douleur vive. Mais, tout à coup, sans cause appréciable, ces phénomènes s'exaspèrent, une douleur intense éclate dans les points indiqués qui deviennent de véritables foyers d'irradiation, d'où partent des élancements propagés aux quatre membres. Ces symptômes paroxystiques ont une horrible violence ; aussi longtemps qu'ils durent la patiente n'a pas une minute de sommeil ; elle évite tout mouvement, afin de ne pas augmenter ses souffrances... » Les accès douloureux qui ne s'accompagnent jamais de fièvre durent de quarante-huit heures à quatre jours, éclatent subitement, s'atténuent graduellement (12 à 15 heures), et il ne reste plus que les deux points douloureux de la région cervico-lombaire. Ces paroxysmes qui, il y a huit mois, revenaient en moyenne toutes les semaines, se sont éloignés en perdant un peu de leur intensité, et enfin n'ont pas reparu depuis plus d'un mois. « Après les plus violents paroxysmes, les désordres de la motilité ont toujours été plus marqués qu'ils ne l'étaient avant l'accès. »

Les phénomènes paralytiques intéressent tous les membres et sont plus marqués à droite qu'à gauche. Le membre inférieur droit est tout à fait immobile. — « A gauche, les adducteurs cruraux, les extenseurs de la jambe sur la cuisse, ceux du pied sur la jambe, sont inertes, mais les muscles postérieurs de la cuisse et les fléchisseurs du pied sur la jambe, conservent une légère motilité... » — Les mouvements des avant-bras et des mains sont abolis ; les fléchisseurs, frappés les premiers, sont absolument inertes. Certains muscles des bras et les pectoraux ont conservé un reste d'action. — « A gauche, le triceps et le deltoïde, les muscles postérieurs de l'omoplate, ont encore quelque activité ; à droite, ils sont tout à fait inertes, ainsi que les muscles épineux. Ces akinésies ne se sont pas développées en bloc et tout d'une pièce... Il y a neuf mois que la paralysie a débuté, il y en a trois qu'elle est arrivée à la généralisation actuelle. » Des deux côtés, les muscles du crâne, du cou et de la tête, sont intacts.

Les troubles de la sensibilité sont légers et peu étendus. En mai dernier (1866), analgésie et perversion de la sensibilité à la température, rigoureusement limitées au dos de la main et de l'avant-bras gauche. En juillet, « l'analgésie et l'anesthésie thermique, toujours bornées au membre gauche, remontent jusqu'à l'insertion supérieure du deltoïde. De plus, la sensibilité tactile est abolie sur la surface dorsale du médius et de l'annulaire du même côté, et à la main droite elle a disparu sur le dos des trois doigts médians. » —

La sensibilité est normale aux membres inférieurs. — Incontinence de l'urine et des matières fécales (mai 1866) avec abolition de la sensibilité vésicale et rectale, — « Les mouvements réflexes sont conservés, un peu lents et difficiles à provoquer ; et *il n'y a jamais eu dans les membres, ni contractures, ni crampes*, ni contractions fibrillaires.

A la fin de l'année 1867, M. Ordenstein, à l'instigation de M. Charcot dont il suivait les cliniques, prit pour sujet de thèse : *la paralysie agitante et la sclérose en plaques généralisées*. Dans ce travail, il posa, d'après les enseignements de M. Charcot, la distinction entre la paralysie agitante et la sclérose en plaques généralisés, et à l'appui de cette distinction importante, il rapporta plusieurs faits recueillis dans le service de M. Charcot à la Salpêtrière (1).

A propos de la thèse de M. Ordenstein, l'un de nous entreprit une revue analytique et critique des travaux publiés en France sur la sclérose en plaques (2). De plus, le 13 mars 1868, il présenta à *la Société anatomique* des pièces relatives à la sclérose en plaques recueillies sur sur une malade du service de M. Charcot (3).

Peu après, M. H. Liouville communiqua à la *Société anatomique* (avril 1868), puis à la *Société de Biologie* (mai 1868), les observations de deux malades mortes de sclérose en plaques dans le service de M. Vulpian.

(1) *Sur la paralysie agitante et la sclérose en plaques généralisées.* 1867.

(2) *Sclérose en plaques généralisées, Revue analytique*, par Bourneville. (*Mouvement médical*, 1868, 197, 235, 259 et 327.)

(3) M. Charcot a également montré ces pièces à la *Société de biologie*. Il s'agit ici de la malade Carpentier.

Dans son cours à l'École de médecine, M. Vulpian fit voir les pièces prises sur ces mêmes femmes et traça l'anatomie pathologique de la sclérose en plaques (1).

Viennent maintenant les *leçons cliniques* de M. Charcot à l'hospice de la Salpêtrière (mai). Dans ses leçons, M. Charcot a décrit minutieusement tout ce qui a rapport à cette maladie. Complétant les indications bibliographiques mentionnées d'après lui par ses élèves et par M. Vulpian, il a tracé un historique aussi complet que possible de la question, puis abordant le côté anatomo-pathologique, il a décrit avec le plus grand soin les lésions que l'on voit à l'œil nu et celles que fait découvrir le microscope. Enfin, il a exposé dogmatiquement les symptômes des différentes formes de la sclérose en plaques disséminées. Nous puiserons largement dans ces leçons qui, nous le répétons, serviront, pour ainsi dire, de base à notre travail.

Pour compléter ce qui concerne l'histoire de la sclérose en plaques, nous devons citer 1° une observation publiée par M. Leo (2) au commencement de 1868 ; 2° le cas du docteur Pennock, traduit de *The american iournal of the medical sciences* (juillet 1868) et annoté par l'un de nous (3) ; 3° la communication de M. Joffroy à la Société de Biologie (janvier 1869).

(1) *De la sclérose des centres nerveux d'après les leçons de* M. Vulpian, par Clément (*Journ. de méd. de Lyon*, t. IX, p. 401).

(2) *Deutsche archiv.*, *F. Klin. medic.*, 1858, p. 151.

(3) *Le cas du docteur W. Pennock, ou contribution à l'histoire de la sclérose en plaques disséminées.* 1868.

CHAPITRE II

Anatomie pathologique.

Nous abordons maintenant le côté anatomo-pathologique de la question. Sa place nous semble plus naturellement indiquée avant qu'après la symptomatologie. En procédant de la sorte, nous suivrons l'ordre chronologique et nous espérons rendre plus compréhensible l'exposé des symptômes. Nous étudierons successivement les lésions qu'on observe à l'œil nu dans la sclérose en plaques et les lésions microscopiques.

LÉSIONS VISIBLES A L'ŒIL NU

La sclérose en plaques disséminées est caractérisée anatomiquement par des plaques grises, circonscrites, ou mieux par des îlots plus ou moins larges et profonds, répandus sans ordre sur les différents cordons de la moelle ou sur les diverses régions de l'encéphale. Ces plaques ou ces îlots ont des contours irréguliers, mais d'habitude bien définis; leurs dimensions sont extrêmement variables : les plus petites sont presque linéaires; les plus grandes peuvent mesurer trois à quatre centimètres de longueur sur deux à trois de largeur, et quelquefois même davantage. Leur nombre est, en général, assez considérable. Au toucher, on constate qu'elles ont une consistance plus ferme que celle du tissu environnant ; des coupes pratiquées à leur niveau permettent de reconnaître qu'elles s'étendent plus ou moins profondément et qu'elles affectent la forme de noyaux, de cônes mal délimités. Ces plaques, lorsqu'elles siégent à la périphérie de la moelle, par exemple, sont souvent un peu affaissées au-dessous de la substance nerveuse saine avoisinante; rarement, elles sont un peu plus saillantes, ainsi qu'on le voit noté dans la première observation. Cette disposition caractérise-t-elle une phase de la maladie, est-elle constante dans les premiers temps? Nous ne saurions répondre à cette question d'une façon catégorique.

Leur coloration, nous le répétons, est d'un gris cendré et rappelle l'aspect de la substance grise cérébrale. Elle en diffère cependant en ce qu'elle est plus foncée. Les plaques restent-elles un certain temps exposées à l'air, elles prennent une teinte rougeâtre analogue à la chair du saumon.

Lorsqu'on examine des plaques de sclérose après qu'elles ont séjourné un certain temps dans une solution aqueuse d'acide chromique, on les voit prendre une couleur jaunâtre, puis tout à fait blanche, opaque, contrastant singulièrement avec la teinte d'un gris-verdâtre communiquée par l'acide chromique aux parties saines.

Il est encore possible de les rendre plus apparentes à l'aide d'un procédé indiqué par M. Ch. Bouchard. Ce procédé consiste à passer à plusieurs reprises sur la surface de la coupe un pinceau trempé dans une solution ammoniacale de carmin, puis à laver à grande eau; alors, le carmin disparaît au niveau des parties saines et persiste sur les plaques de sclérose, lesquelles se présentent sous forme de taches rouges parfaitement nettes.

Examinons maintenant la distribution des plaques de sclérose dans les différentes régions des centres nerveux.

Cerveau. — Lorsque *le cerveau* est dépouillé de ses membranes et que l'on passe en revue les circonvolutions les unes après les autres, on ne trouve pas de plaques de sclérose. Pour les constater, il importe de pratiquer un certain nombre de coupes. Alors les plaques deviennent faciles à voir. Le plus souvent, on n'en rencontre pas dans la substance grise corticale : quelquefois, cependant, sur les limites des deux substances, il semble que la plaque s'étende de l'une à l'autre.

Les parois des *ventricules latéraux* présentent très-communément des plaques scléreuses (9 fois) qui peuvent se prolonger dans les noyaux intra-ventriculaires du corps strié. (Vulpian et H. Liouville.)

Dans le *centre ovale*, les plaques, quand elles existent, sont très-visibles, et se trouvent répandues dans tous les points (3 fois).

Sur les *pédoncules cérébraux*, on aperçoit dans certains cas des îlots scléreux dont l'aspect rappelle celui de la dégénération secondaire. Mais, tandis que dans celle-ci la lésion a une forme régulière, s'étend d'une extrémité à l'autre, dans la sclérose en plaques, la lésion est irrégulière, très-limitée, et tranche par sa coloration avec la teinte des parties voisines.

La *protubérance annulaire* est fréquemment envahie par la sclérose, et sa face inférieure présente des taches grises, à bords sinueux, disposées transversalement sur la ligne médiane, c'est-à-dire ayant envahi les deux moitiés de la protubérance : dans la dégénération secondaire, outre que, la plupart du temps, la couleur blanche persiste, il n'y a jamais que la moitié correspondante à la lésion qui soit altérée. Les plaques sont tantôt uniques, tantôt multiples, et quelques-unes portent simultanément sur la protubérance et les pédoncules cérébelleux d'une part, et de l'autre sur le bulbe (10 fois). Des coupes pratiquées sur ces plaques montrent que l'altération s'étend à une profondeur plus ou moins considérable.

Bulbe. — Presque toujours *les olives*, ou au moins l'une d'entre elles, sont sclérosées (7 fois) ; les *pyramides*, les autres cordons du bulbe peuvent être envahis.

L'*aqueduc de Sylvius*, dans un cas, était entouré par une large plaque scléreuse d'où partaient des prolongements sur la protubérance et vers le quatrième ventricule.

Cervelet. — De même que le cerveau, le cervelet est ordinairement indemne à sa périphérie. Les coupes rendent visibles des plaques, soit dans la substance blanche, soit plus spécialement dans le corps rhomboïdal (4 fois).

Moelle. Il arrive souvent que, à travers la pie-mère, on aperçoive des taches grises. Mise à nu, la moelle laisse voir alors des plaques allongées, se terminant en pointe, occupant ici plusieurs cordons du même côté, là les deux cordons symétriques, droit et gauche. Il est à remarquer que, dans beaucoup de circonstances, ces plaques ont des limites plus régulières que celles du cerveau. En passant ainsi du cordon postérieur d'un côté au cordon postérieur de l'autre, par exemple, les plaques de sclérose semblent, pour ainsi dire, combler le sillon médian qui sépare ces deux cordons.

Les différentes régions de la moelle cervicale, dorsale et lombaire sont atteintes à des degrés divers (11 fois).

D'un autre côté, si, dans la majorité des cas, les différents cordons sont parsemés d'îlots scléreux, on a noté leur prédominance dans les cordons symétriques : sous ce rapport, nous n'avons qu'à rappeler le cas du docteur Pennock.

Pas plus que les sillons médians, la ligne d'émergence des racines nerveuses n'est un obstacle à l'extension des plaques scléreuses.

Nerfs crâniens et rachidiens. — On peut dire, d'une manière générale, que les *nerfs crâniens* sont indemnes : nous trouvons cependant quelques exceptions. M. Cruveilhier, dans sa première observation, indique que les racines de l'*hypoglosse*, du *glosso-pharyngien*, du *pneumo-gastrique*, etc., étaient grises. Skoda trouve les nerfs *optiques* durs et aplatis. Dans les deux observations dues à MM. Vulpian et H. Liouville (1868), les *nerfs olfactifs* et *optiques* présentaient des plaques de sclérose si apparentes, même à l'œil nu, qu'elles purent être nettement figurées dans des planches. Enfin, dans la première observation de M. Ordenstein, nous trouvons que l'hypoglosse et le nerf moteur oculaire externe du côté gauche présentaient un état scléreux. Dans ces cas, d'ailleurs, la disposition de la lésion n'a rien de régulier et ne ressemble pas aux altérations des nerfs optiques que l'on remarque dans l'ataxie locomotrice. Toujours, jusqu'à présent, les nerfs rachidiens sont restés normaux, et du centre même des plaques de sclérose on a vu naître des nerfs parfaitement sains.

Membranes du cerveau et de la moelle. — En examinant le système nerveux d'un individu mort de sclérose, on trouve que presque toujours les membranes cérébro-rachidiennes n'offrent pas d'altérations, et on peut apercevoir à travers la pie-mère rachidienne des taches de forme variable, ayant une coloration grise ; les membranes de la moelle ne sont pas épaissies et ne présentent pas non plus une vascularisation ni une injection plus grandes que dans l'état normal. Pourtant, dans un cas, M. Vulpian (Obs. II) a trouvé qu'il y avait quelques petites plaques fibreuses adhérentes, soit à l'un, soit à l'autre des feuillets de l'arachnoïde, et chez une autre malade (Obs. III) il a noté une hypérémie des portions inférieures de la pie-mère rachidienne, et des plaques d'aspect cartilagineux dans le feuillet viscéral de l'arachnoïde.

Les *muscles* ne sont pas, le plus souvent, altérés; quelquefois ils sont graisseux : chez une malade, les fibres musculaires des adducteurs cruraux étaient très-amaigries (Skoda).

Nous trouvons, dans le cas du docteur Pennock, une diminution de consistance des vertèbres, des trochanters, des rotules, de la tête du tibia et des os du tarse.

Les *lésions secondaires* sont nombreuses ; elles sont susceptibles d'être rapportées à des troubles de la nutrition : ainsi, le ramollissement des os, les déviations de la colonne vertébrale (Obs. X et XIII), les dégénérescences graisseuses des muscles, du foie, du cœur, des reins, les tubercules disséminés à la face sous-péritonéale des intestins et dans les poumons, les eschares au sacrum, tout tend à démontrer une perversion considérable dans la nutrition. On a constaté aussi des méningites spinales ascendantes consécutives à des eschares.

— Dans l'observation suivante, on trouvera mentionnées la plupart des lésions caractéristiques de la sclérose en plaques et plusieurs des complications que nous venons de signaler.

OBSERVATION IV.

SCLÉROSE EN PLAQUES DISSÉMINÉES (FORME CÉRÉBRO-SPINALE).

Antécédents. — Chute pendant une grossesse. — Faiblesse des membres inférieurs. — Paraplégie, incontinence d'urine. — Amélioration passagère, recrudescence des symptômes. — Sclérose en plaques. — Eschares. — Diarrhée. — Pneumonie. — Mort. — Autopsie. — Nombreuses plaques de sclérose (moelle, cerveau). (Observation recueillie par M. BOURNEVILLE et communiquée par M. CHARCOT.)

Beaudoin Hortense, couturière, 41 ans, veuve Deslaurier, née à Louviers (Eure), admise le 6 janvier 1868 à la Salpêtrière, est entrée le même jour au n° 23 de la salle Anne, service de M. Charcot.

Antécédents. Beaudoin a été élevée au sein par une nourrice; elle a commencé à marcher à 13 mois ; dans son enfance, elle a eu des croûtes dans les cheveux, des glandes au cou qui n'ont pas suppuré et une ophthalmie qui a duré deux ou trois mois. Pas de convulsions. A 14 ans, elle est tombée dans un état de faiblesse générale qui a duré plusieurs mois. On craignait qu'elle ne devînt phthisique. Cependant, elle ne toussait pas et ne crachait pas de sang ; peu à peu la santé s'est rétablie.

Les règles ont paru à 18 ans : régulières dès l'origine, elles duraient 4 à 5 jours; elles n'étaient ni suivies ni précédées de leucorrhée. B... s'est mariée à 23 ans; elle a eu trois enfants; ses grossesses ont été bonnes, les accouchements faciles. A l'âge de 28 ans, pendant la deuxième grossesse, elle fit une chute qui, selon elle, aurait été bientôt suivie de phénomènes morbides. Cependant rien de particulier ne survint jusqu'à l'âge de 30 ans; jamais de migraines ni d'attaques de nerfs. A cette époque (30 ans), elle s'aperçut qu'à la suite de longues courses, elle avait de la faiblesse dans les jambes. Peu à peu cette faiblesse aurait augmenté au point que, à l'âge de 32 ans, elle ne pouvait marcher sans être soutenue par quelqu'un. Cette situation s'étant compliquée d'une incontinence d'urine et des matières fécales, la malade entra à Lariboisière (service de M. Moissenet).

Sous l'influence d'un traitement tonique et de bains sulfureux, la paralysie des sphincters disparut, et les jambes reprirent assez de force pour que, à la sortie de Lariboisière, trois mois plus tard, Beaudoin fût capable de marcher sans aide.

Cette amélioration se maintint durant six mois environ. La malade déclare que, même pendant ce temps, une cause légère suffisait pour la renverser. Peu après, les symptômes se montrèrent de nouveau et revêtirent une marche progressive. A partir de l'âge de 35 ans, B... fut condamnée à rester presque toujours assise, et elle ne marchait qu'en s'appuyant sur les meubles; déjà, il y avait de la raideur dans les membres inférieurs. Ses jambes n'étaient le siége d'aucune douleur, mais lui paraissaient avoir un poids extraordinaire. Quand est survenue sa troisième grossesse (36 ans), la marche est devenue tout à fait impossible; on était obligé de la lever et de la coucher; néanmoins, elle pouvait encore se servir de ses mains.

Vers 39 ans, la malade a éprouvé des sensations de fatigue dans les deux membres supérieurs et au même degré. Progressivement les membres inférieurs sont devenus de plus en plus raides. — Les fonctions respiratoire et circulatoire s'exécutaient normalement. L'appétit était bon, jamais de vomissement; les garde-robes qui, antérieurement à la maladie, étaient quotidiennes, sont maintenant assez rares. — Les règles n'ont été modifiées d'aucune façon.

B... a toujours été bien nourrie. Elle aurait habité pendant deux ans un logement humide, et cela, à une époque qui paraît remonter à l'origine de sa maladie (28 ans). — Son *père*, âgé de 78 ans, jouit d'une bonne santé; à 71 ans, il a été heureusement opéré d'une cataracte. — Sa *mère* est morte du choléra (1832); elle avait 42 ans; aucun accident nerveux. — Pas de consanguinité. — Une sœur aînée est morte à 12 ans; elle ignore de quelle maladie. Un frère a succombé à une fluxion de poitrine (41 ans). — Une autre sœur qui est vivante se porte très-bien. A sa connaissance, aucun de ses parents n'aurait eu de maladies nerveuses.

7 *janvier*. — Paraplégie, roideur des membres inférieurs qui sont dans l'adduction; cette roideur est plus marquée à gauche; la motilité est complétement abolie. La sensibilité à la piqûre, au chatouillement, à la chaleur et au froid est conservée; cette dernière paraîtrait même légèrement exaltée; pas de douleurs, ni de fourmillement, ni d'engourdissement, mais la sensation de fatigue et de lourdeur que nous avons notée précédemment persiste encore.

Point de paralysie des sphincters. — Douleurs assez vives sans exacerbations et presque continuelles à la partie inférieure des lombes et au niveau du sacrum.

Petite eschare au sacrum qui tient sans doute à ce que dans les deux semaines qui ont précédé son entrée à l'hospice, B... a été négligée, son mari, atteint d'une maladie aiguë, ayant succombé le 1er janvier.

Les deux membres supérieurs sont affaiblis, le gauche plus que le droit; tous les deux présentent de la raideur et avec la même différence qu'aux bras. — Au repos, on n'observe aucun tremblement, mais quand la malade porte quelque objet à sa bouche, par exemple, il se produit à gauche un tremblement qui met en évidence la nature de la lésion. En outre, dans cette manœuvre, la tête elle-même est agitée de petites secousses.

Depuis une époque que la malade ne peut préciser, la *vue* aurait baissé, et cela plus à droite qu'à gauche; parfois diplopie; pas de douleurs péri-orbitaires; pas d'hallucinations ni d'illusions de la vue.

L'*ouïe* serait moins distincte à gauche; toutefois cette infirmité remonterait à une époque antérieure à la maladie actuelle.

Le *goût* et l'*odorat* sont normaux. Pas de céphalalgie. — Les fonctions digestive, respiratoire et circulatoire s'accomplissent assez bien.

17 *janvier*. Douleurs en ceinture à la base du thorax, gênant considérablement la respiration, et plus marquées à droite qu'à gauche. Foyers névralgiques : 1° à droite de la cinquième vertèbre dorsale; 2° au-dessous du sein droit ; 3° légère hypéresthésie à l'épigastre. Les douleurs seraient lancinantes et se montreraient par accès durant lesquels il y a une légère congestion de la face.

18. La dyspnée et les douleurs névralgiques ont cessé; cette amélioration tient sans doute à l'apparition des règles, qui a eu lieu cette nuit.

20. — Pouls, 120; respiration, 40. Les menstrues se sont arrêtées sans cause connue. La dyspnée et les douleurs ont reparu. Accès de toux par intervalles.

31. — Depuis hier, rougeur autour des articulations métacarpo-phalangiennes et des articulations des doigts, accompagnée de douleurs qu'exaspèrent les mouvements.

1er *février*. L'eschare du sacrum noirâtre, profonde d'un centimètre environ, mesure 6 centimètres de largeur sur 3 ou 4 de hauteur; elle est entourée d'une exulcération de 3 à 4 centimètres de rayon.

3. — L'eschare est plus large et plus profonde. La rigidité des membres inférieurs, ainsi que la tendance à l'adduction ont diminué, et cette diminution paraît avoir coïncidé : 1° avec la formation de l'eschare, les douleurs lombaires étant occasionnées probablement par elle ; 2° avec l'apparition des douleurs constrictives à la base du thorax. La malade dit éprouver parfois une douleur intense au cou-de-pied ; elle la compare à celle que déterminerait la compression par un étau.

5. — Les membres inférieurs qui hier étaient flasques, sans trace de rigidité, sont aujourd'hui demi-fléchis. Essaie-t-on de les étendre, on éprouve une certaine résistance, surtout à gauche, et lorsque la jambe est allongée, elle tend à reprendre sa première attitude, c'est-à-dire à se fléchir. Si l'on vient à pincer les membres,

jambes et cuisses, et principalement à chatouiller la plante des pieds, la rigidité avec flexion des jambes sur les cuisses s'exagère, tout en étant plus marquée à gauche, et on voit naître des mouvements réflexes d'ensemble qui soulèvent les membres au-dessus du lit. — L'application du froid sur les divers segments du membre inférieur fait apparaître les mêmes phénomènes, mais d'une manière moins prononcée. — Lors même que la flexion des membres est très-accusée, il n'y a pas de tendance bien nette à l'adduction.

Quand on chatouille la plante des pieds et que l'on continue l'excitation pendant un certain temps, il survient dans le membre irrité une sorte de tremblement tétanique qui dure encore quelques instants après que toute excitation a cessé.

La malade a parfois des soubresauts, des secousses dans les membres inférieurs, secousses qui ont pour résultat habituel de déterminer l'attitude fléchie dont nous avons parlé. Au bout d'un certain temps, les membres reprennent leur position ordinaire et redeviennent flasques.

Ces phénomènes convulsifs, qu'ils soient provoqués ou spontanés, n'occasionnent aucune souffrance. — Douleur constrictive allant du sacrum au pubis et passant par les hanches.

Du côté des membres supérieurs, les phénomènes sont les mêmes que précédemment : Beaud... y éprouverait de temps à autre un sentiment de faiblesse, et alors elle ne pourrait se servir de ses mains, ainsi qu'elle le fait le plus souvent; l'obstacle au mouvement n'est pas dû seulement à la faiblesse, mais encore et surtout au tremblement.

Pouls à 100 ; peau chaude; depuis quelques jours, léger frisson. — L'eschare au niveau du sacrum mesure 12 centimètres en hauteur, 15 centimètres en largeur; le sacrum est dénudé.

Soir. Pouls 120. La malade dit avoir dans la tête une sensation de vide.

6 *février*. Nuit calme. Membres inférieurs flasques; par le chatouillement de la plante des pieds, mouvements réflexes d'ensemble très-accusés et tant que le pincement persiste, il y a un état tonique des muscles plus accusé à droite qu'à gauche.

8. — Nombreuses secousses cette nuit dans les membres inférieurs.

L'exploration électrique des membres inférieurs fournit des secousses très-intenses, des mouvements très-énergiques et détermine en même temps une vive douleur.

10. Soir. Le pouls varie habituellement entre 120 et 124 ; la respiration entre 36 et 40. TR. 39°, 4/5.

14. — Matin. P. 112 ; — TR. 38° 2/5. Soir. P. 124 ; — TR. 40° 2/5.

16. — P. 100 ; — R. 32 ; — TR. 40°. Soir. P. 120 ; — R. 24 ; — TR. 39° 5/10.

20. — L'eschare est la source de douleurs intenses ; ses bords sont taillés à pic, entourés d'une rougeur très-prononcée, le fond est détergé. Pour la première fois depuis son entrée à la Salpêtrière, la malade a eu des selles involontaires. Mêmes symptômes aux membres inférieurs qui, après une courte exposition à l'air, présentent très-nettement le phénomène de la chair de poule ; le massage même prolongé n'aboutit pas à produire même la rigidité ; leur température comparée à celle des mains est relativement basse. Les masses musculaires sont molles, flasques, mais non très-amaigries. — *Sensibilité* intacte.

Sueurs nocturnes occupant seulement la partie supérieure du tronc ; salivation abondante. Diarrhée à peu près continuelle.

22. — P. 120 ; — R. 36.

26. — Le pouls varie entre 120 et 132 ; la respiration est toujours fréquente. Appétit médiocre. La diarrhée persiste. Œdème des pieds, principalement du gauche. Toux rare.

2-4 *mars*. Face pâle ; pupilles normales ; vision un peu obscure. — En arrière, à gauche, matité dans les deux tiers inférieurs du poumon ; égophonie très-nette dans le tiers inférieur ; souffle au niveau de l'épine de l'omoplate. A droite, respiration ronflante. — En avant, des deux côtés, respiration rude, il y a de plus à gauche quelques petits râles. — Les fonctions digestives s'exécutent toujours d'une façon défectueuse.

15 *mars*. P. 120-124 ; — R. 28-32.

Il y a quelque temps, la malade salivait beaucoup sans tousser; actuellement elle ne salive plus ; en revanche, elle rend en toussant des crachats spumeux, muco-purulents, mêlés d'une matière blanchâtre comme laiteuse, mais ne renfermant jamais de sang. L'auscultation dénote la présence de tubercules pulmonaires.

— La malade, qui n'a jamais de céphalalgie, dit avoir de temps en temps, et seulement lorsqu'elle remue la tête, à la partie supérieure de l'occipital, une sensation semblable à celle que l'on éprouve à la suite d'un coup; l'illusion est telle parfois qu'elle porte involontairement la main à l'occiput. Cette sensation qui n'est pas superficielle et paraît siéger, au dire de la malade, dans l'intérieur de la tête, persiste quelquefois une heure ou deux.

Quant au sommeil, il a été bon jusqu'à l'entrée à la Salpêtrière; depuis lors, il est devenu de plus en plus mauvais. B... rêve quelquefois, mais pas plus qu'avant sa maladie.

Mémoire intacte ; pas de perversion des idées. Nulle sensation de lourdeur, ni d'exagération ni de diminution du volume de la tête. Jamais de roideur dans le cou.

23 *Mars.* Le contact du doigt, les plus légers attouchements, le froid, la chaleur sont perçus avec netteté, sans retard, sur les membres inférieurs qui sont presque tout à fait flasques ; il y a cependant un peu de roideur dans les genoux ; tendance à l'adduction ; léger œdème; nul mouvement volontaire, pas même des orteils. — Les mouvements réflexes sont exagérés. Lorsqu'on chatouille la plante du pied droit, la cuisse se fléchit sur le bassin, la jambe sur la cuisse, et si l'on continue l'excitation durant quelques instants, on observe une série de secousses pendant lesquelles le membre reste fléchi. Ces mouvements réflexes qui restent bornés au membre exploré, se manifestent aussi par l'application d'un corps froid ou quand on exerce une pression assez forte sur la jambe. — A un moment de l'examen, il se produit un mouvement spontané dans le sens de la flexion de tout le membre inférieur droit : ce phénomène serait assez fréquent la nuit et se montrerait aussi bien à gauche qu'à droite

La malade déclare éprouver parfois et par accès une faiblesse plus grande dans les *membres supérieurs*. Le tremblement de la tête plus accusé que celui des mains paraît s'être accru.

Outre la grande eschare décrite plus haut, il s'en est développé deux autres au niveau des ischions. Douleurs lombaires très-vives. — Évacuations involontaires, toujours abondantes et diarrhéiques.

26. — Les pupilles sont dilatées, la droite plus que la gauche ; si la malade regarde les objets placés à sa droite, elle les voit doubles; lorsqu'elle regarde les objets avec un seul œil, elle les voit tels qu'ils sont. — Selles abondantes, fétides ; crachats purulents.

27. — Dilatation pupillaire moins accentuée ; inégalité en sens inverse.

28. Matin : Pupilles dilatées, la droite plus que la gauche. — Le soir, inégalité des pupilles en sens inverse. Pas de gêne de la déglutition. Les phénomènes thoraciques sont plus accusés. — Fonctions digestives mauvaises. Fièvre intense le soir.

30. Soir. P. 140. R. 32. — Pommettes très-rouges. — Céphalalgie frontale non habituelle. La pupille gauche est dilatée, la droite est normale.

31. — P. 124. TR. 40. Les eschares augmentent. La diarrhée ne diminue pas. Céphalalgie frontale, sensation de coups de marteau.

2 *avril*. Roideur du cou empêchant la malade d'incliner la tête en avant ; les douleurs de tête n'ont pas changé. Rétention d'urine. Cathétérisme.

3. — Pupille gauche normale ; la droite est très-contractée. Rétention d'urine.

6. — Sueur froide et visqueuse depuis hier soir. Face pâle, yeux excavés, nez froid, pincé. Râle laryngo-trachéal. Mort à 5 heures du soir, sans avoir présenté rien de spécial.

AUTOPSIE, *le 8 avril, à 8 heures du matin. Tête.* — Le cuir chevelu, les os n'offrent aucune altération. — Caillots noirs, assez résistants dans les sinus latéraux. — La pie-mère s'enlève aisément ; ses artères ne sont nullement athéromateuses ; on trouve dans plusieurs veines répondant au lobe postérieur droit (face convexe) une thrombose déjà ancienne, car le caillot forme une sorte de bouillie.

Hémisphère cérébral droit. A la périphérie, plusieurs petites aches rouges, à bords confus. — Différentes coupes pratiquées sur cet hémisphère font découvrir : 1° une plaque scléreuse d'un gris rosé, ayant environ un centimètre de longueur, située en dehors du corps strié; la teinte rosée s'accentue après une exposition à l'air même peu prolongée; — 2° une large plaque elliptique sur la paroi externe du ventricule latéral; — 3° la couche optique est parsemée de plaques qui, au bout de quelques instants, ont une couleur rappelant celle de la chair du saumon; — 4° enfin, dans la substance blanche du lobe occipital, existent de petits foyers hémorrhagiques, noirâtres, répondant aux thromboses signalées précédemment.

Hémisphère gauche. — Le corps strié est comme entouré d'une bordure, grise rougeâtre, analogue, en un mot, aux plaques précédentes; vers la queue du corps strié, belle plaque de sclérose irrégulière, ayant un centimètre et demi de longueur sur un de largeur.

Protubérance. — A l'extrémité inférieure du sillon médian, petite plaque grise transversale, mesurant 3 à 4 millimètres sur 2.

Cervelet. — Une seule coupe intéressant les deux hémisphères cérébelleux ne fait découvrir aucune plaque de sclérose.

Bulbe rachidien. — Teinte ardoisée de la pie-mère ; olives saines; aucune plaque scléreuse ni à l'intérieur ni à l'extérieur; le tissu nerveux est blanc, normal ; — les racines correspondantes présentent aussi une teinte légèrement grise.

Moelle. — Le renflement cervical aplati d'avant en arrière, moins volumineux qu'à l'état normal, est envahi par la sclérose dans presque toute son étendue; seuls, à ce niveau, les cordons postérieurs sont indemnes. A la région dorsale, on trouve : 1° une plaque occupant la partie supérieure du cordon antéro-latéral gauche; — 2° un peu plus bas, une plaque qui intéresse une portion des cordons antérieurs de chaque côté de la ligne médiane;—3° vers le milieu de la région dorsale, une plaque qui porte sur les cordons postérieurs seulement; — 4° plus bas, c'est-à-dire dans le tiers inférieur de la moelle dorsale, deux plaques siégeant à la fois sur les cordons latéraux et postérieurs.

Les différentes plaques que nous venons d'indiquer ont, en général, une forme allongée et se correspondent plus ou moins par leurs extrémités. — La pie-mère qui les recouvre a une teinte un peu foncée, en particulier sur le renflement cervical.

Le renflement lombaire paraît sain. Toutes les racines antérieures et postérieures qui naissent des régions mentionnées ci-dessus sont saines et tranchent par leur couleur avec les plaques de sclérose.

Au niveau de la queue de cheval et de la partie la plus inférieure du renflement lombaire, aussi bien en avant qu'en arrière, les racines nerveuses sont rouges, violacées, cachées par des fausses membranes d'un jaune verdâtre; enfin, dans ces mêmes points, la dure-mère a une coloration ardoisée (*méningite ascendante, suite de l'eschare*).

De nombreux examens microscopiques ont été faits sur des préparations prises sur ces plaques de sclérose, et ont démontré tous les caractères que nous avons signalés au paragraphe suivant (*Histologie)* : nous n'y insisterons donc pas.

Thorax. — Adhérences pleurales légères à gauche, assez résistantes à droite, principalement au niveau du lobe inférieur. — Trachée et bronches, rien. — Hépatisation rouge de tout le lobe inférieur et d'une portion du lobe supérieur du poumon gauche. Un peu d'emphysème et d'œdème à droite. Pas de tubercules.

Les *reins* (le droit, 100 gr.; le gauche, 110 gr.) sont un peu flasques; les deux substances légèrement pâles. — Les capsules surrénales sont transformées en une coque assez mince. — La vessie, petite, ratatinée, présente des traînées rouges correspondant aux plis de la muqueuse. — Utérus, ovaires normaux.

Les *muscles* de la cuisse ont leur coloration naturelle.

Cœur. — Quelques taches laiteuses sur la face antérieure du ventricule droit. Caillots noirs dans les oreillettes et le ventricule droit; valvules saines. Le cœur, sans le péricarde, pèse 240 grammes.

Abdomen. — Petites arborisations de la muqueuse stomachale. — Arborisations assez nombreuses sur la muqueuse du quart supérieur de l'intestin, de plus en plus rares à mesure qu'on se rapproche du cœcum, pas d'ulcérations. — *Rate* (118 gr.), tissu mou, rouge brique. — *Foie* (1535 gr.) un peu jaune, un peu graisseux; pas de calcul. — *Pancréas* (65 gr.)

HISTOLOGIE

C'est dans les leçons cliniques faites par M. Charcot à la Salpêtrière (1), que nous allons puiser les notions relatives aux altérations de la sclérose fournies par le microscope : résumons rapidement les caractères du tissu nerveux normal, nous rechercherons ensuite les modifications que subissent les éléments anatomiques à toutes les phases de l'affection.

Le tissu nerveux se compose d'éléments nerveux proprement dits, tubes et cellules, enveloppés de toutes parts par une gangue conjonctive : l'étude de celle-ci doit surtout être faite avec soin, car c'est à elle qu'il faut attribuer le rôle capital dans certaines altérations de la moelle et en particulier dans la sclérose en plaques.

Désignée sous les noms de *névroglie* (Virchow), de *réticulum* (Kölliker), cette gangue conjonctive entre pour une part très-importante dans la structure du tissu nerveux, plus importante dans la substance grise que dans la blanche; il est, en effet, des régions de la substance grise qu'elle constitue d'une manière presque exclusive, la commissure postérieure, par exemple.

Disons de suite que, dans les coupes faites dans la moelle et durcies par l'acide chromique, le carmin est

(1) Voir *Gazette des hôpitaux*, septembre et décembre 1868.

un réactif précieux, car, sous son influence, certains éléments se colorent, tels sont : les cellules ganglionnaires, leur noyau, leur nucléole, le cylindre d'axe du tube nerveux, tandis que d'autres, l'enveloppe de myéline du tube nerveux, conservent leur aspect ordinaire et résistent à son action.

En étudiant le mode de répartition de la gangue conjonctive sur une coupe de la moelle, on remarque qu'elle forme à la partie périphérique une zône où les tubes nerveux font défaut : décrite par Bidder et par Frommann, cette zône a été appelée couche corticale du réticulum (Rindenschicht). Du bord interne de cette zône partent des cloisons qui se dirigent vers le centre de la moelle, qu'ils partagent en compartiments triangulaires, dont la base est à la périphérie, et le sommet se perd dans la substance grise : de ces cloisons naissent des tractus secondaires, tertiaires, qui, se subdivisant à leur tour, finissent par produire un réseau à mailles plus ou moins larges : dans les plus grandes sont logés huit, dix tubes nerveux ; dans les plus petites il n'y en a le plus souvent qu'un seul.

Cette structure réticulée se rencontre aussi bien dans la substance blanche que dans la grise ; seulement, dans cette dernière, les mailles sont plus serrées, ce qui lui donne l'apparence d'un tissu spongieux, et le carmin la colore d'une manière plus uniforme que la première.

Quelle est la constitution histologique de cette névroglie ? Ici, les opinions divergent, mais cependant tout le monde est d'accord pour reconnaître qu'il ne s'agit pas là du tissu conjonctif ordinaire (tissu lamineux, fibrillaire).

D'après certains auteurs (Kölliker, Schultze, Frommann, Charcot) la névroglie serait faite comme le stroma des glandes lymphatiques, par exemple, suivant le type du tissu conjonctif simple réticulé (Kölliker), c'est-à-dire qu'elle serait essentiellement composée de cellules étoilées, en général, pauvres en protoplasma, portant des prolongements grêles, plusieurs fois ramifiés et dont les branches communiquent les unes avec les autres, de manière à relier en un seul système les diverses cellules.

Sur les coupes minces de la moelle, durcies par l'acide chromique et colorées par le carmin, on remarque : 1° dans la substance blanche, aux points du réticulum où plusieurs trabécules se rencontrent, des renflements ou nœuds dans la partie centrale desquels sont des noyaux à contour net, vivement colorés par le carmin ; ces noyaux sont connus sous le nom de myélocytes (Robin) ou de noyaux de la névroglie (Virchow). Sur une coupe transversale, les trabécules simulent de minces cloisons homogènes, brillantes, d'aspect fibroïde qui s'anastomosant, forment des mailles contenant un ou plusieurs tubes nerveux : sur une coupe longitudinale, les trabécules se ramifient presqu'à l'infini, produisent un réseau à mailles plus fines séparant les tubes nerveux les uns des autres ; les vides existant entre les gaînes et les tubes nerveux sont comblés par une petite quantité de matière amorphe finement grenue. 2° Dans la substance grise, les mailles du réseau fibroïde sont plus serrées que dans la substance blanche, de là, l'aspect spongieux.

D'après cette description, la névroglie doit bien être rattachée au type du tissu conjonctif réticulé.

Cependant, pour Henle, Robin, à l'état frais, la névroglie est une matière amorphe, molle, grisâtre, finement grenue, au sein de laquelle les myélocites sont comme suspendus, et le réticulum fibroïde dont nous avons parlé plus haut, ne serait qu'un produit de l'art dû à ce que cette matière amorphe se durcissant sous l'influence de l'acide chromique, se présente sous la forme d'un appareil réticulé. A ces objections, on peut répondre, qu'à la vérité, il existe un peu de matière amorphe interposée aux tubes nerveux, mais qu'il est difficile d'admettre que l'acide chromique puisse produire l'aspect réticulé de la névroglie, s'il ne préexistait déjà ; cet acide ne fait que le mettre mieux en relief. Sur les pièces fraîches, le réticulum est moins nettement dessiné; on peut néanmoins constater les tractus fibroïdes du tissu conjonctif sous le microscope (Kölliker, Frommann, Schultze.)

Étudions maintenant quelles sont les altérations histologiques de la *moelle* dans la sclérose en plaques.

Lorsqu'on examine à l'œil nu un tronçon de moelle portant une plaque de sclérose, il semble qu'il y ait une ligne de démarcation nette, tranchée, entre les parties malades et les parties saines; c'est une illusion, car l'étude microscopique permet de constater que les parties saines confinant au noyau scléreux sont altérées, et cette altération est d'autant plus prononcée qu'on approche davantage du centre de la plaque où elle acquiert son plus grand développement.

A. *Coupes transversales*. En procédant de la périphérie

vers le centre, on reconnaît plusieurs zones concentriques répondant aux phases principales de l'altération.

a. Dans la *zone périphérique*, on observe ce qui suit : les trabécules du réticulum se sont épaissies; les noyaux occupant les nœuds du réticulum sont devenus plus volumineux; les tubes nerveux ont diminué de volume, et cette atrophie s'est faite aux dépens du cylindre de myéline, car le cylindre d'axe a conservé son diamètre normal.

b. Dans la deuxième zone, qu'on pourrait appeler *zone de transition*, les tubes nerveux sont encore devenus plus grêles; dans quelques-uns, le cylindre de myéline a disparu, et il ne reste plus que le cylindre d'axe quelquefois considérablement hypertrophié. Les trabécules ont plus de transparence; leurs contours sont moins accusés, et en certains endroits, elles sont remplacées par des faisceaux de longues et minces fibrilles analogues à celles qui caractérisent le tissu conjonctif ordinaire (tissu lamineux); celles-ci se développent aux dépens des mailles qui contiennent les tubes nerveux, d'où il résulte que l'aspect réticulé de la gangue conjonctive à l'état normal tend à disparaître.

c. Au centre de la plaque scléreuse (*zone centrale*), toute trace du réticulum fibroïde a disparu; plus de trabécules ni de cellules; des faisceaux de fibrilles remplissent les espaces alvéolaires d'où la myéline a totalement disparu; les cylindres d'axe eux-mêmes se sont atrophiés au point qu'il est facile de les confondre avec les fibrilles de nouvelle formation. Cette persistance des cylindres axiles au milieu des parties qui ont subi la transformation fibrillaire, paraît appartenir en propre à la sclérose en plaques.

B. *Coupes longitudinales*. Ces coupes font bien connaître les caractères du tissu fibrillaire de nouvelle formation; on remarque alors que ce tissu se compose de faisceaux toujours parallèles formés de fibrilles tenues, opaques, lisses, se divisant et s'anastomosant rarement, s'entrelaçant souvent, au contraire, de manière à figurer une espèce de feutrage, et se colorant enfin sous l'influence du carmin. Ces caractères différencient ces fibrilles des cylindres d'axe (fig. 1) qui, en général, sont plus volumineux, translucides et ne se ramifient jamais; elles se distinguent aussi des fibres du réticulum en ce que celles-ci sont plus épaisses, plus courtes et présentent toujours des prolongements rameux; elles diffèrent enfin des fibres élastiques en ce qu'elles se gonflent par l'action de l'acide acétique et forment une masse hyaline, transparente, ce qui n'a pas lieu pour les fibres élastiques. Au milieu de ce tissu fibrillaire, on constate aussi la présence d'un certain nombre de corps amyloïdes.

Les vaisseaux traversant les plaques scléreuses subissent aussi des altérations. Dans la zone périphérique, les parois de ces vaisseaux sont plus épaisses et renferment plus de noyaux qu'à l'état normal : plus près du centre de la plaque, ces noyaux sont devenus plus nombreux, et la tunique adventice se trouve remplacée par plusieurs couches de fibrilles semblables à celles qui se sont développées dans l'épaisseur du réticulum ; enfin les parois sont devenues tellement épaisses que le calibre du vaisseau est diminué.

C. Il est certaines lésions qu'on ne peut pas constater sur les pièces durcies par l'acide chromique, tandis qu'à l'état frais, on les observe très-bien.

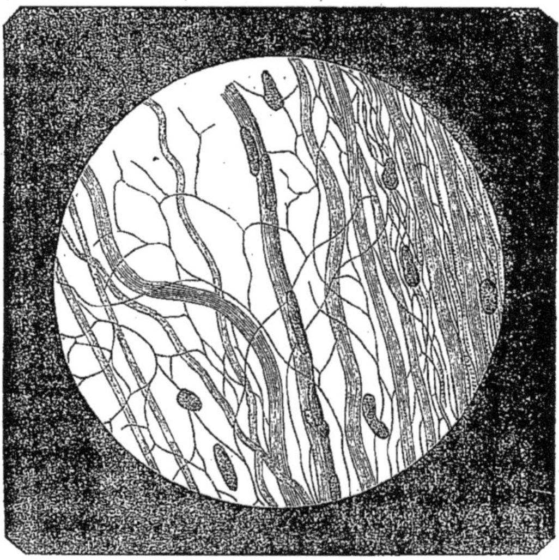

Fig. 1. Elle représente une préparation fraîche provenant du centre d'une plaque de sclérose, colorée par le carmin et traitée par dilacération. Au centre, vaisseau capillaire portant plusieux noyaux. A droite et à gauche, cylindres d'axe, les uns volumineux, les autres d'un très-petit diamètre, tous dépouillés de leur myéline. Le vaisseau capillaire et les cylindres d'axe étaient fortement colorés par le carmin. Les cylindres d'axe ont leurs bords parfaitement lisses, ne présentent aucune ramification. Dans l'intervalle des cylindres d'axe, minces fibrilles de formation récente, à peu près parallèles les unes aux autres dans la partie droite de la préparation, formant, à gauche et au centre, une sorte de réseau résultant de l'enchevêtrement de fibrilles ou de l'anastomose des fibrilles. Celles-ci se distinguent des cylindres d'axe : 1° par leur diamètre, qui est beaucoup moindre; 2° par les ramifications qu'elles présentent dans leur trajet; 3° parce qu'elles ne se colorent pas par le carmin. — Çà et là, noyaux disséminés, quelques-uns paraissant en connexion avec les fibrilles conjonctives; d'autres ayant pris une forme irrégulière, due à l'action de la solution ammoniacale de carmin.

Dans l'épaisseur du foyer sclérosé, on rencontre à peu près constamment des globules ou granules ayant l'apparence d'éléments graisseux. Ces éléments ont deux aspects principaux : les uns figurent des masses à bords sombres, sinueux, ayant, comme la myéline, un double contour ; les autres sont de véritables granulations graisseuses tantôt libres, tantôt agglomérées de manière

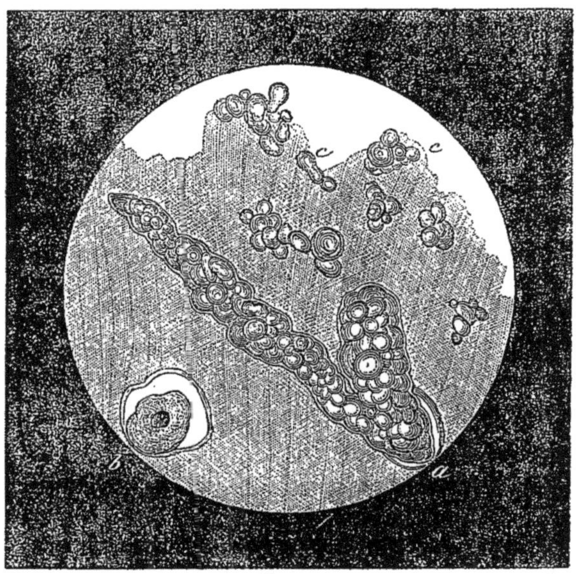

Fig. 2. (Plaque de sclérose à l'état frais). *a* Gaîne lymphatique d'un vaisseau distendu par des gouttelettes graisseuses volumineuses. — *b* Vaisseau coupé transversalement. La tunique adventice est séparée de la gaîne lymphatique par un espace vide, les gouttelettes graisseuses qui distendaient la gaîne ayant disparu. — *c*, *c* Gouttelettes graisseuses, groupées en petits amas disséminés çà et là dans la préparation. (Ces deux figures ont été faites, d'après nature, par M. Charcot.)

à former des corps granuleux (fig. 2.) Ces gouttes de myéline et ces granulations graisseuses peuvent s'infiltrer à travers les mailles du réticulum et se répandre au loin ; elles n'occupent jamais le centre de la plaque de sclérose, car là, la métamorphose fibrillaire et le travail de destruction des tubes nerveux sont terminés; mais, au contraire, on les rencontre à la périphérie de la plaque, là où le cylindre médullaire disparaît peu-à-peu, comprimé qu'il est, d'abord, par les trabécules du réticulum qui s'épaississent, et ensuite par les faisceaux fibrillaires qui tendent à envahir les alvéoles. Le tube nerveux n'est donc plus représenté, à la fin, que par le cylindre d'axe. L'accumulation des gouttelettes médullaires ou graisseuses et la destruction du cylindre de myéline coïncident, et quand celle-ci est terminée, celle-là cesse de se produire. On peut donc conclure que les corpuscules médullaires et graisseux ne sont que les détritus provenant de la désagrégation des tubes nerveux.

Ces granulations graisseuses, nous l'avons vu plus haut, ne se retrouvent plus dans le centre de la plaque scléreuse; que sont-elles devenues? Il est vraisemblable de penser qu'elles disparaissent par voie de résorption; on trouve, en effet, dans la cavité des gaînes lymphatiques des petits vaisseaux, des granulations graisseuses, quelquefois en telle abondance, que ces vaisseaux paraissent avoir augmenté de volume et se dessinent sous forme de trainées blanches, visibles à l'œil nu, sur le fond gris de la plaque sclérosée. Ces vaisseaux présentent les altérations décrites plus haut, n'ayant aucun rapport avec la dégénération : il s'agit donc là d'une infiltration graisseuse consécutive des gaînes lymphatiques et nullement d'une lésion primitive des parois vasculaires.

Les altérations que nous venons de décrire se rencontrent aussi dans la substance grise. Nous ajouterons que les cellules nerveuses ne sont pas le siége d'une prolifération nucléaire, comme on le remarque dans les mêmes circonstances pour les cellules conjonctives; elles subissent une altération particulière qu'on pourrait désigner du nom de *dégénération jaune*, en raison de la couleur ocreuse qu'elles présentent; elles cessent d'être colorées par le carmin comme dans l'état normal; il y a enfin une atrophie de toutes les parties constituantes de la cellule.

Pour résumer la marche de l'altération scléreuse des centres nerveux, nous dirons que la *prolifération des noyaux*, et *l'hyperplasie concomitante des fibres réticulées de la névroglie* sont le fait *initial, fondamental* et que *l'atrophie dégénérative des éléments nerveux* est *secondaire, consécutive*.

Dans l'observation suivante, on verra relatés avec détails la plupart des résultats sur lesquels nous venons d'attirer l'attention du lecteur.

OBSERVATION V

SCLÉROSE EN PLAQUES DISSÉMINÉES (FORME CÉRÉBRO-SPINALE.)

Mauvaise habitation; — Fatigues physiques. — Parésie des jambes. — Tremblement des membres supérieurs. — Sensibilité intacte. — Paralysie de la vessie, du rectum. — Pneumonie. — Eschare au sacrum. — Mort. — Autopsie. — Plaques de sclérose dans le cerveau (couches optiques, ventricules latéraux, protubérance, cervelet, etc.) et dans la moelle. (Observation recueillie par M. BOURNEVILLE interne du service, communiquée par M. CHARCOT.)

Carpentier Antoinette Emilie âgée de 36 ans, admise le 17 février dernier à la Salpêtrière, est entrée le 25 au numéro 2 de la salle Sainte-Rosalie, service de M. Charcot.

L'état d'affaiblissement physique qu'elle présente, joint à un affaiblissement notable des facultés intellectuelles, fait que les renseignements obtenus sur l'évolution de sa maladie offrent quelques lacunes. Quoiqu'il en soit, voici ce que nous avons pu en tirer.

Tout ce qu'elle sait relativement à sa famille, c'est que sa *mère* est morte du choléra en 1849. Pour elle, réglée à 15 ans, elle a eu, alors, quelques accidents cholériques. Deux ans après, elle quitta son pays et vint comme femme de chambre à Paris. Elle demeura quatre ans dans une maison où elle était logée dans une chambre humide, exposée au nord; de plus, elle était mal nourrie, ne buvant que de l'eau à ses repas, jusqu'à ce que de nouveaux symptômes anémiques lui eûssent fait accorder par le médecin une nourriture plus substantielle.

Elle quitta cette place à 24 ans et après être restée quelques semaines chez sa sœur, elle rentra, toujours en qualité de femme de chambre dans une autre famille où elle s'est trouvée dans de meilleures conditions hygiéniques.

Mariée à 26 ans, elle habite pendant un an un logement assez sain, puis elle va dans un entre-sol humide, à peine éclairé. Bientôt son mari tombe malade et trois mois consécutifs, elle est obligée, bien qu'enceinte, de passer une partie des nuits et de coucher sur un lit placé par terre. C'est à ce moment que surviennent quelques douleurs dans les épaules, la droite en particulier, dans la tête, occupant principalement les tempes et enfin des étourdissements. A part une sorte de « barre de bois » qu'elle avait devant les yeux, elle n'avait pas de troubles de la vision.

Elle accouche un peu avant terme (1862) d'un enfant encore vivant, qu'elle a allaité jusqu'à l'âge de 15 mois. Six semaines environ après la parturition, qui fut facile d'ailleurs, la vue baissa, Carp... ne pouvait supporter une lumière vive, il lui semblait que l'œil gauche était fermé, ni hémopie, ni éclairs. Elle consulta M. Desmares qui lui dit qu'elle avait une congestion du côté du cerveau (congestion rétinienne ?) et l'on prescrivit des pilules purgatives. En même temps, la marche devint incertaine; la malade n'avait qu'une notion confuse de la résistance du sol, croyait marcher sur du duvet, et, de plus, avait un sentiment de faiblesse dans les jambes, souvent aussi une sensation d'engourdissement dans les pieds.

Ces phénomènes s'accentuèrent progressivement. La parésie des jambes s'accrut, et, quoique pouvant encore faire son ménage (1863-64) elle était fréquemment contrainte de s'appuyer sur les meubles, puis de se servir d'une chaise. Dans la rue, elle marchait à petits pas en s'appuyant sur la pointe des pieds. Elle était si peu solide sur les jambes, qu'une fois un passant la renversa. Par moments, enfin, les membres inférieurs étaient lourds et plutôt roides que flasques.

État actuel (27 *Février*). La malade est habituellement dans le décubitus dorsal et légèrement inclinée sur le côté gauche. *Les membres inférieurs* sont dans l'adduction, les cuisses sont un peu fléchies sur le bassin et les jambes fortement sur les cuisses, tantôt elles sont allongées; dans les deux cas, elles sont *rigides*. La roideur est plus forte dans le genou gauche que dans le droit. Le chatouillement est perçu à la plante des pieds et, si l'exploration se prolonge, les membres inférieurs deviennent plus rigides et sont animés de petites secousses tétaniques très-rapides, aussi intenses d'un côté que de l'autre. — Le *contact* passe inaperçu de la malade au niveau du cou-de-pied et du tiers inférieur de la jambe. Quand on pique ou que l'on pince les membres inférieurs, à part dans la région que nous venons d'indiquer, C..., sent qu'on la touche, mais ne manifeste aucune *douleur*. Cette analgésie, identique des deux côtés, ne remonte pas plus haut que le bassin.

Les membres supérieurs sont affectés dans les mouvements, d'un *tremblement choréiforme*, plus marqué à gauche et s'exagérant aux deux membres d'ailleurs, lorsqu'on fait exécuter quelques manœuvres à la malade : porter un verre à la bouche, par exemple. On constate alors que cette trémulation augmente à mesure que l'objet approche du but. Les membres supérieurs amaigris uniformément sont affaiblis, le gauche principalement. La *sensibilité* à la douleur, au froid, au chatouillement, n'a pas subi de modifications. Elle se rend nettement compte de la position qu'occupent les bras, tandis que parfois aux jambes cette notion lui échappe, ou tout au moins est confuse.

La tête, quand on assied la malade, est agitée d'un tremblement qui s'accroît encore lorsqu'on lui fait élever le bras vers la bouche ; — La parole est lente, tremblante, zézayante. — C... déclare avoir naturellement la parole difficile. Les pupilles sont normales. La malade voit les objets sans reconnaître les détails, les personnes sans distinguer les traits. Souvent des éclairs passent devant ses yeux ; point de diplopie.

Narines pulvérulentes. *Odorat* conservé. Il en est de même du *goût*. Toutefois la malade dit que tous les aliments lui semblent mauvais. — *Paralysie* de la *vessie* et du *rectum* ; selles et urines involontaires.

Quelquefois *douleurs névralgiques* aux tempes, apparaissant communément à l'époque des règles. Il lui semble, dit-elle, que les mâchoires sont serrées dans un étau. — Sommeil mauvais depuis quelque temps.

La face ordinairement pâle, est rouge, sudorale par accès. Langue humide, chaude, couverte d'un enduit saburral peu épais ; inappétence, soif vive ; fréquentes envies de cracher sans pouvoir y réussir ; gêne de la déglutition ayant débuté aujourd'hui. Quelques douleurs lancinantes au-dessus du nombril, selles diarrhéiques. Large surface rouge au sacrum, mesurant huit centimètres sur dix. Le bord droit du pli interfessier forme une sorte de crête semblable à une cicatrice. (C... dit avoir eu, l'an dernier, une eschare dans cette région.) Sur cette surface rouge, en partie exulcérée, existent quelques ulcérations de la largeur d'une pièce de cinquante centimes. Taches ecchymotiques à la partie supérieure du sacrum.

La peau est chaude, sudorale. Ce matin, après avoir pris du lait, C... a eu une forte quinte suivie d'une sorte d'accès fébrile, accompagné de dyspnée. Elle prétend ne tousser que très-rarement et n'avoir jamais eu d'hémoptysie. A l'auscultation, en avant et des deux côtés, la respiration est rude, l'inspiration comme granuleuse.

En arrière et en bas râles sonores, piaulants. Les bruits laryngo-trachéaux entravent d'ailleurs l'examen. Pouls 160; — rien du côté du cœur,

28 *février*. La respiration est toujours considérablement gênée et le soir, la fièvre est plus intense. Abattement notable; voix éteinte. Diarrhée.

3 *mars*. Même aspect général. Les membres inférieurs conservent la même position et offrent les mêmes particularités. Quand ils demeurent quelques instants découverts, on voit apparaître des mouvements rapides, tétaniques, analogues à ceux que produisait le chatouillement prolongé de la plante des pieds lors du premier examen. On observe aussi des mouvements réflexes sous l'influence du pincement ou du chatouillement. Lorsqu'elle veut porter un verre à sa bouche, elle a d'abord beaucoup de peine à saisir le vase, puis à mesure qu'elle l'approche de ses lèvres, la tête tremble de plus en plus et les mouvements choréiformes de la main s'accroissent. — Dyspnée plus marquée; nombreux râles dans la poitrine.

6 *mars*. Situation de plus en plus grave. L'affection pulmonaire s'accentue. La faiblesse de la malade s'oppose à un examen approfondi. On soupçonne une pneumonie. Râle trachéal. — Elle succombe le 8 mars.

AUTOPSIE *le* 9 *mars*. — *Thorax*. Adhérences peu résistantes au sommet des deux poumons. Dans le tiers supérieur du poumon droit, tubercules et excavations tuberculeuses. La caverne la plus grande assez superficielle logerait aisément une noisette. Inférieurement, coloration rouge, violacée, — pneumonie marbrée. — On trouve à gauche les mêmes lésions; toutefois, il n'y a qu'une petite caverne. — Le *péricarde* renferme un peu de sérosité. Le *cœur* contient des caillots décolorés; ses parois dont la couleur rappelle celle des feuilles mortes, sont friables. Pas d'altérations valvulaires, à part une crête blanchâtre sur l'une des valvules, trace d'une ancienne endocardite.

Abdomen Estomac, foie (950 gr.), sains. — Aspect graisseux du pancréas. Anémie légère de la substance corticale des reins; les bassinets sont injectés. Plaques rouges, violacées sur la muqueuse *vési-*

cale; quelques-unes suivent la direction des plis de cette membrane et la plupart sont recouvertes d'une fausse membrane (*Cystite folliculeuse*). — Utérus, etc., rien.

Les muscles ont leur coloration habituelle. — Genou gauche, synovite; cartilages intacts.

Tête. Le péricrâne, les os, la dure-mère n'offrent aucune lésion. Sérosité abondante dans l'arachnoïde. L'*encéphale* pèse 1230 grammes. La *pie-mère*, injectée d'une façon générale, s'enlève facilement et les circonvolutions ont une fermeté et une résistance assez considérables. A droite, de même qu'à gauche, la cavité des ventricules latéraux est si étroite que le doigt ne peut y pénétrer.

Les nerfs optiques sont atrophiés et ont une teinte grisâtre.

En coupant le cerveau par tranches de deux centimètres d'épaisseur, on trouve 1° sur l'hémisphère droit, une série de plaques de sclérose, siégeant exclusivement dans la substance blanche; la plaque la plus grande simulant par sa coloration la substance grise dont elle diffère en ce qu'elle est plus foncée et rougit par l'exposition à l'air, est placée au-dessus du corps strié; elle mesure deux centimètres de longueur sur un de largeur. 2° Sur l'hémisphère gauche, outre des plaques semblables dont les principales occupent la substance blanche répondant à la première circonvolution marginale, le centre de la couche optique, la paroi intraventriculaire, etc., on remarque des plaques rosées, diffuses, mal limitées.

A la face inférieure de la protubérance, large plaque grise, à bords sinueux, disposée obliquement, en écharpe. Autres plaques sur les pédoncules cérébelleux supérieur et inférieur gauches, et sur le pédoncule inférieur droit. L'olive gauche semble isolée par une belle plaque scléreuse.

Une coupe pratiquée sur le cervelet découvre sur les confins de la substance grise, une plaque de deux centimètres de longueur sur un de largeur (hémisphère gauche.)

Examen au microscope. = Le tissu des portions sclérosées de la moelle, examiné à l'état frais par simple dilacération, montre une *substance amorphe*, légèrement grenue ou moirée, très-transparente, parsemée d'un nombre considérable de *noyaux* ovoïdes ou sphériques, à contours un peu irréguliers, se colorant par le carmin et se rétractant en devenant plus nets, sous l'influence de l'acide acétique. — On trouve, de plus, un certain nombre de ces noyaux entourés d'un corps de cellule dont les dimensions ne dépassent pas notablement celles du noyau. — Les vaisseaux qui vers le centre des parties sclérosées ont seulement des parois un peu épaissies avec multiplication de leurs noyaux se montrent sous un tout autre aspect quand on les étudie au voisinage de points qui n'ont pas encore subi totalement la transformation scléreuse. Ils se montrent alors comme des traînées blanches par réflexion, opaques par réfraction, décomposables en gouttelettes ou granulations très-réfringentes, de nature graisseuse, dont l'ensemble déposé à la périphérie du vaisseau, le masque complètement lorsqu'il est placé parallèlement à la surface de la préparation et qu'ils laissent voir à leur centre, dans un état d'intégrité à peu près complet. On voit alors que l'amas graisseux qui entoure le vaisseau est renfermé dans la gaîne lymphatique. Au voisinage de ces vaisseaux entourés par la graisse, on trouve dans la substance fondamentale des granulations graisseuses et des corps granuleux qui ne sont pas enveloppés d'une membrane cellulaire, et qui ne renferment pas de noyaux. Ils résultent simplement de l'accumulation de granulations graisseuses. — On ne voit nulle part, à l'état frais, ni disposition striée, ni fibrilles indépendantes, ni rien qui puisse être considéré comme les vestiges des tubes préexistants, soit avant ou après l'action des substances colorantes ou de l'acide acétique.

Sur des coupes minces, faites après durcissement dans l'alcool, on retrouve les mêmes particularités que nous venons d'indiquer; mais on saisit mieux les relations de ces différentes altérations entre elles et leurs rapports avec les parties saines. On remarque de plus, sur ces coupes, préparées soit dans la glycérine, soit dans le baume de Canada, que les *cellules nerveuses* des cornes antérieures ont disparu en grande partie. Quelques-unes cependant peuvent encore être retrouvées et présentent une notable altération. Elles sont flétries, comme ratatinées, leurs prolongements ne peuvent être suivis qu'à une courte distance. Leur noyau est grenu, irrégulier et présente une teinte jaune, ocreuse, caractéristique.

Sur des fragments durcis dans l'acide chromique, on peut constater les particularités suivantes sur les coupes pratiquées perpendiculairement à l'axe et montés dans le baume du Canada. Dans les parties sclérosées, on voit en certains points un réseau assez irrégulier formé par du tissu conjonctif fibrillaire dans lequel on reconnaît de distance en distance des noyaux. Au centre de chaque maille on reconnaît, au milieu d'une matière transparente, amorphe, mais qui n'a plus ni la forme ni la réfringence des gaines de myéline, un filament qui plonge dans cette substance perpendiculairement à la surface de section et qui, à n'en pas douter, n'est autre que le cylindre d'axe d'un tube dont la myéline a disparu et autour duquel le tissu conjonctif s'est épaissi. Dans d'autres points, ce tissu conjonctif, développé outre mesure et également contracté, comble les espaces aréolaires et ne montre plus qu'une surface irrégulièrement hérissée de fibrilles au milieu desquelles les cylindres axiles sont méconnaissables. Sur ces mêmes coupes perpendiculaires à l'axe, il est très-difficile de distinguer les limites de la substance grise.

Sur des coupes pratiquées parallèlement à l'axe, dans les cordons sclérosés et montés dans la glycérine, on ne voit qu'un amas de fibrilles disposées longitudinalement. Les unes, extrêmement tenues, onduleuses, quelquefois même spiroïdes et peu régulières par leur disposition semblent être une dépendance du tissu conjonctif; les autres, beaucoup plus régulièrement longitudinales, plus volumineuses, plus réfringentes, disséminées de distance en distance au milieu des précédentes paraissent être des cylindres d'axe persistant. Entre tous ces éléments, on voit un grand nombre de noyaux ovoïdes.

CHAPITRE III.

Symptomatologie,

La *sclérose en plaques disséminées*, nous venons de le voir dans l'étude anatomo-pathologique, est caractérisée par des îlots plus ou moins larges et profonds, répandus sans ordre sur les différents cordons de la moelle ou sur diverses régions de l'encéphale. De là, trois variétés fondées sur l'anatomie pathologique, selon que la maladie est limitée à l'encéphale seul, à la moelle seule, ou généralisée à la moelle et à l'isthme, au cervelet et au cerveau ; à ces variétés correspondent trois formes cliniques : 1° la forme cérébrale ou céphalique ; 2° la forme spinale ; 3° la forme cérébro-spinale. Nous ne ferons que mentionner la forme cérébrale, car si elle peut rester indépendante de la forme spinale jusqu'à la mort du sujet, le plus souvent, ces deux types se surajoutent et constituent la forme cérébro-spinale. Du reste, nous ne possédons qu'un seul cas, et encore est-il douteux, dans lequel les lésions sont demeurées circonscrites à l'encéphale : c'est le premier cas de Valentiner. Le voici :

OBSERVATION VI.

SCLÉROSE EN PLAQUES DISSÉMINÉES (FORME CÉRÉBRALE.)

Parésie du mouvement et du sentiment à gauche puis à droite. — Excitation intellectuelle. — Tremblement par les mouvements. — Troubles psychiques. — Embarras de la parole. — Vertiges; céphalalgie occipitale. — Élancements, soubresauts. — Rétention urinaire. — Dysentérie, mort. — Plaques de sclérose dans le pont de Varole, les olives et à la base du cerveau. Examen microscopique. (Premier cas de VALENTINER, *Deutsche Klinik*, 1856, n° 14.)

Schneider, 21 ans, instituteur. — Début en 1852 et 1853, c'est-à-dire à 19 ou vingt ans. — Il aurait été pris *tout à coup*, à cette époque, de parésie du mouvement et du sentiment du côté gauche. Alors il y aurait eu encore quelques douleurs excentriques et des soubresauts dans les muscles paralysés. Jamais de perte de connaissance.

État mental : un peu excitable; exaltation religieuse, quelques accès de mélancolie.

La parésie s'étend à droite, tout en restant plus prononcée à gauche. La strychnine a été utilement employée. Admis en 1854, à 21 ans.

L'excitation est changée en stupeur. On constate une demi-paralysie de presque tous les membres, paralysie s'exprimant par de l'incertitude, du tremblement intense accompagnant tout mouvement, la parole aussi bien que l'usage des membres. Le malade marche avec des béquilles.

Troubles psychiques modérés, caractérisés par une tendance morbide à faire des poésies, un grand amour-propre et des accès mélancoliques.

Incertitude des mouvements.

Difficulté de la prononciation. Oscillations dans la progression et tremblement intense, se manifestant sous l'influence des émotions psychiques les plus légères, comme une interrogation, — à chaque mouvement des mains, à chaque vacillation de la tête.

De temps en temps, accès de vertiges et de céphalalgie siégeant à l'occiput. Parfois sentiment de piqûre et secousses dans les membres. — Rien dans les viscères.

Il paraît que Frerichs, en se fondant sur les faits publiés par lui dans *Haser's archiv*, arriva au diagnostic.

Janvier 1855. 22 ans. —Irrégularités dans l'expulsion des urines et des matières fécales. Nystagmus.

Mars et avril. — Le tremblement, à chaque sensation d'un mouvement, est tel que la prononciation du malade est presque incompréhensible. —Les fonctions psychiques s'affaissent de plus en plus; à plusieurs reprises, rétention spasmodique des urines.

30 *mai.* Dysentérie alors épidémique. Le 31 mai et le 4 juin, le tremblement qui, dans ses derniers temps, avait été presque continuel, avait disparu. La paralysie du côté gauche est, au contraire, plus complète.

6. — Diminution du tremblement, collapsus, mort.

Autopsie le 8 juin. — *Sclérose en plaques* du pont de Varole, des olives, à la base du cerveau. — Pas d'altération des gros vaisseaux.

La *moelle*, les cordons antérieurs, etc., ne paraissent pas avoir été examinés avec soin.

Au microscope : tissu connectif finement fibrillaire, noyaux; gouttelettes graisseuses. L'acide acétique détruit l'aspect fibrillaire et produit une apparence de substance hyaline avec noyaux plus apparents. Pas de corps amyloïdes.

Dans les parties des coupes fines où les gouttelettes graisseuses brillantes étaient accumulées en plus grandes masses, ce qui se voyait surtout dans les couches périphériques des plaques, beaucoup d'entre elles offraient un double contour, et les formes diversement contournées qu'elles prenaient, en raison de leur semi-fluidité, sous une faible pression, permettaient de reconnaître leur grande analogie, sinon leur identité complète, avec la substance médullaire nerveuse de la matière cérébrale écrasée.

La coloration diffuse en rouge violet, produite dans ces plaques, par l'addition d'une solution iodée à l'acide sulfurique, y décelait une assez forte proportion de cholestérine libre.

La transition entre les parties malades et les parties saines était très-brusque à l'œil nu ; au microscope, avant l'emploi de l'acide acétique, cette transition brusque n'était plus aussi marquée. Mais après l'emploi de l'acide, les amas décrits ci-dessus de substance médullaire qui devenaient de plus en plus abondants au voisinage de la substance blanche opaque, cessaient immédiatement dans celle-ci. Des fibres primitives conservées traversaient-elles encore la masse scléreuse, ou comment se comportaient-elles à l'égard de la masse fibrillaire des noyaux scléreux ? C'est ce que je n'ai pu décider.

L'examen microscopique de la substance cérébrale environnante colorée ne donna aucune raison suffisante de sa dureté remarquable. J'ai cru voir manifestement, çà et là, entre les fibres cérébrales d'ailleurs normales, une masse granuleuse amorphe. — Aucune altération des organes ; poumons, foie, reins, vessie. — Pas de dégénération graisseuse de la langue (muscles). — Le cadavre est encore très-gras.

Nous diviserons la symptomatologie en deux parties : dans la première, nous ferons une description générale des symptômes que présentent les deux types principaux de la sclérose en plaques disséminées (forme spinale, forme cérébro-spinale) ; dans la seconde, nous étudierons les symptômes considérés en eux-mêmes, envisagés isolément ; et nous ferons connaître les modifications qu'ils peuvent présenter dans les diverses phases de la maladie.

I. DESCRIPTION GÉNÉRALE.

1° *Forme spinale.*

Début. L'invasion des symptômes est brusque ou lente; dans la majorité des cas, elle se fait d'une manière graduelle par un sentiment de pesanteur et d'engourdissement, par des fourmillements, par une faiblesse croissante dans l'un des membres inférieurs ou dans les deux.

Première période. — 1re phase. La faiblesse, la parésie, occupant d'abord l'un des membres inférieurs ou les deux à la fois, gagne consécutivement l'un des membres supérieurs, puis l'autre. Cet affaiblissement peut être le le phénomène initial; d'autres fois, il est précédé de fourmillements, d'élancements, d'engourdissement dans les jambes, à la plante des pieds. Cette parésie tantôt s'accroît progressivement, tantôt présente des rémissions, ou, au contraire, des exacerbations.

La marche devient alors de plus en plus pénible; le malade a besoin d'un aide; il titube à l'instar d'un individu ivre; il a de l'incertitude dans les mouvements.

Deuxième phase. Après un temps variable, on remarque dans les membres inférieurs et supérieurs des secousses rhythmiques qui n'apparaissent que dans les mouvements spontanés ou voulus; à l'état de repos, ces membres ne sont agités d'aucun tremblement; nous ne faisons que signaler ce symptôme, devant plus loin l'étudier avec détail.

Dans cette période, d'une façon générale, la sensibilité au contact, à la douleur et à la température est conservée : ce n'est qu'exceptionnellement que l'on trouve une légère diminution. On n'observe aucun trouble dans les fonctions de nutrition, de respiration, de circulation.

Deuxième période. A la parésie succède une paralysie devenant de plus en plus complète ; tous les symptômes précédents s'aggravent et bientôt surviennent deux phénomènes nouveaux : 1° la rigidité ou contracture permanente s'empare des membres paralysés ; 2° des convulsions toniques spontanées ou provoquées, revenant par accès, se surajoutent à la contracture ou la précèdent pendant un temps plus ou moins long.

Ces deux phénomènes, ordinairement tardifs, apparaissent quelquefois à une époque plus rapprochée du début, et cela dans les cas où la parésie, faisant suite à la faiblesse, se change très-vite en paralysie complète.

Les accès convulsifs, soit spontanés, soit provoqués, se montrent habituellement dans les membres inférieurs, plus rarement, et à un moindre degré, dans les supérieurs. Ces membres sont aussi le siége d'une roideur spasmodique empêchant tout mouvement dans un certain sens, pendant quelque temps, disparaissant à un autre moment, et rendant ces mêmes mouvements plus ou moins libres.

La contracture occupe de même les membres affectés les premiers de paralysie, c'est-à-dire les membres inférieurs, puis les supérieurs, et dans quelques cas, les muscles du tronc : le malade est alors dans l'impossibilité de s'asseoir, on est forcé de le lever tout d'une pièce.

La contracture amène une attitude particulière dans les membres : l'extension semble l'emporter sur la flexion dans les membres inférieurs, tandis que la flexion forcée a été vue ordinairement aux doigts.

Troisième période. La motilité, de plus en plus affaiblie, finit par disparaître complétement : tout mouvement spontané est aboli dans les membres inférieurs comme dans les supérieurs, le malade ne peut plus quitter son lit. La contracture finit par devenir permanente : les jambes sont fléchies assez fortement sur les cuisses, les cuisses sur le bassin ; on voit les talons s'approcher progressivement des fesses. Il devient alors difficile d'étendre les membres, et les manœuvres faites dans ce but occasionnent de la douleur. La sensibilité, en général, reste intacte ; on peut provoquer quelquefois les mouvements réflexes, par le pincement de la peau, le chatouillement de la plante des pieds, mais d'autres fois ces excitations n'aboutissent à aucun résultat. Enfin, au bout d'un temps variable, il survient des troubles dans diverses fonctions : la nutrition languit, l'assimilation est défectueuse, l'amaigrissement fait des progrès rapides, des eschares se forment au sacrum ; et le malade succombe, soit par la détérioration progressive de tout l'organisme, soit à une complication.

La première observation du mémoire de M. Vulpian, recueillie avec un soin minutieux vient à l'appui du tableau que nous venons de tracer.

OBSERVATION VII.

SCLÉROSE EN PLAQUES DISSÉMINÉES (FORME SPINALE).

Affaiblissement successif et progressif des quatre membres qui sont pris, plus tard et successivement, aussi de roideur. — Contracture avec extension des quatre membres, sauf les doigts qui sont fléchis. Accès de roideur spasmodique, non douloureuse, dans les membres contracturés. — Sclérose en plaques disséminées sur divers points de la moelle épinière. (Obs. de M. VULPIAN.) (1).

B... Marie, née à Paris, maraîchère, entrée à la Salpêtrière le 20 novembre 1861, morte à l'âge de 51 ans, le 2 décembre 1865, dans mon service, salle Saint-Vincent, 8.

En 1862, nous avons recueilli, M. Charcot et moi, des notes détaillées sur les infirmes réunies dans le bâtiment Saint-Charles; c'est là que se trouvait alors cette femme, et voici l'observation qui fut prise à cette époque : Cette femme était, dit-elle, assez nerveuse. Elle n'aurait jamais eu cependant d'attaques; elle était souvent affectée de migraines; réglée à 13 ans, ménopause à 45 ans; trois enfants; son *père* aurait eu plusieurs coups de sang et serait mort d'une maladie de cœur. Sa *mère* n'a jamais eu d'affections nerveuses et est morte de rhumatisme. Elle a un *frère* et une sœur qui vivent encore et qui jouissent d'une bonne santé.

La maladie actuelle a débuté il y a dix-sept ans. Voici comment auraient eu lieu les premières atteintes : Au dire de cette femme, la terre étant couverte de neige, son pied gauche se serait brusquement renversé; aussitôt douleur vive dans la hanche gauche. La marche est impossible pendant quinze jours, puis elle redevient possible, mais le pied gauche traîne à terre. On pratique des frictions avec diverses substances; la malade prend des bains de sortes différentes, elle est soumise à des médications internes dont il est im-

(1) Mémoire cité, Obs. I.

possible de déterminer la nature; il n'y a aucune amélioration. Trois ans après ce premier accident, le membre inférieur gauche était toujours dans le même état. La malade éprouve une peur vive ; elle tombe en avant et est frappée de syncope. Elle reste couchée pendant plusieurs jours, puis elle recommence à marcher, mais bien plus difficilement qu'auparavant. A ce moment, le membre inférieur droit est pris de faiblesse à son tour, mais sans douleur concomitante. C'est de l'affaiblissement simple avec engourdissement. En même temps encore, le membre supérieur du côté droit commence à s'affaiblir et à devenir le siége d'un engourdissement manifeste. La malade ne peut s'en servir que difficilement, et elle est obligée de travailler uniquement avec le bras gauche. Il y a une douzaine d'années, la malade marchait encore avec une canne. A cette époque, le membre inférieur gauche était déjà assez raide ; quant au membre inférieur droit, il n'était que faible, mais ne présentait pas de raideur. Il y a six ans, elle ne pouvait plus marcher qu'en se traînant, à l'aide d'une chaise, qu'elle poussait devant elle ; depuis quatre ans, la marche est tout à fait impossible. A cette époque, le membre supérieur droit était très-faible et un peu raide ; quelques mois après, la malade ne pouvait plus s'en servir, et il était dans l'état actuel. Quant au bras gauche, resté à peu près indemne jusque-là, il n'a commencé à s'affaiblir que depuis trois ans, et six mois après, la malade ne pouvait plus s'en servir ; mais il n'avait pas présenté de raideur jusque dans ces derniers temps ; la raideur commence maintenant à se manifester.

Pendant tout le développement de sa maladie, B... n'a jamais éprouvé de douleurs considérables dans les membres, si l'on excepte la douleur vive qui s'est produite au début dans la hanche gauche. L'affaiblissement et la raideur des membres ont marché progressivement, sans périodes d'arrêt appréciables. Il n'y a que deux ans que la malade a cessé toute médication. Jusque-là on avait employé les moyens les plus variés : frictions, bains de vapeur, bains sulfureux, médicaments internes, électrisation pendant cinq ou six semaines, application de six cautères à la région dorso-lombaire (il y a sept ans). Tous ces moyens non seulement n'ont pas produit d'amélioration, mais auraient déterminé, presque tous, au dire de la malade, une aggravation assez marquée de son état. Très-souvent, pendant le développement de la maladie, il y a eu des syncopes séparées quelquefois par des intervalles de trois jours; de plus, surtout depuis plusieurs années, il y avait des accès de raideur spasmodique dans les membres, accès qui se produisent encore maintenant.

État actuel (septembre 1862). Apparence d'une santé assez bonne. Fonctions digestives, circulation, respiration normales. Pas d'amaigrissement notable. Décubitus dorsal constant.

1° MEMBRES SUPÉRIEURS. — *Membre supérieur droit.* L'avant-bras est étendu sur le bras et est en pronation; le membre lui-même est appliqué sur la partie latérale du tronc. Les doigts sont fléchis dans la paume de la main, le pouce est fléchi dans l'intérieur de la main fermée. Le seul mouvement spontané que puisse faire la malade consiste dans une légère abduction du membre; mais elle ne peut faire le moindre mouvement de flexion de l'avant-bras sur le bras, ni de supination; il lui est également impossible d'étendre les doigts ou d'exagérer leur flexion. Si l'on cherche à faire exécuter des mouvements passifs, on rencontre une résistance considérable. On ne peut qu'avec peine faire fléchir quelque peu l'avant-bras sur le bras, ou déterminer un mouvement borné de supination, et les mouvements passifs provoquent de très-vives douleurs. Quant aux mouvements communiqués aux doigts, ils sont aussi très-difficiles à effectuer, mais ils ne sont pas douloureux. Il y a de légers craquements dans le poignet lorsqu'on meut la main sur l'avant-bras; il n'y en a pas dans le coude. L'avant-bras paraît un peu atrophié lorsqu'on le compare à l'avant-bras du côté opposé. Il y a, de plus, une teinte violacée des téguments de l'avant-bras et surtout de la main, qui semblent un peu œdématiés. La sensibilité au contact et à la douleur paraît intacte.

Membre supérieur gauche. — Avant-bras un peu fléchi sur le bras; la malade ne peut l'étendre complétement, mais peut le fléchir davantage; elle peut aussi le mettre sur le ventre. Les doigts sont incomplétement fléchis, le pouce est en adduction et en demi-flexion dans l'intérieur de la main. Aucun mouvement spontané ni des doigts, ni du pouce. On sent un peu de frottement dans le poignet, lorsqu'on remue la main sur l'avant-bras. On parvient à étendre 'avant-bras, à lui faire exécuter des mouvements de pronation et de supination sans rencontrer une grande résistance et sans provoquer de douleur. Il en est de même pour les mouvements passifs de la main, du pouce et des doigts. Sensibilité intacte. Coloration semblable à celle de l'autre membre. La main paraît également œdématiée. Rien à noter, au moment de l'examen, sur la température des deux membres. Il paraît que, de temps en temps, la peau de ses membres serait le siége d'une chaleur brûlante.

2° Membres inférieurs. Ces membres sont étendus; les pieds sont fléchis à angle obtus sur les jambes. La malade ne peut exécuter que de légers mouvements de flexion des jambes sur les cuisses, et des pieds sur les jambes. Encore ces mouvements ne sont-ils possibles que dans certains moments ; souvent ils sont tout à fait impossibles. Ordinairement, lorsqu'on cherche à fléchir une des jambes sur la cuisse, il se manifeste une résistance réflexe, à peu près impossible à vaincre. On peut, au contraire, fléchir assez facilement les cuisses sur le bassin et les pieds sur les jambes. Lorsqu'un des pieds est fléchi et tenu dans la flexion par une main étrangère, il s'y produit aussitôt un tremblement très-difficile à réprimer, impossible même d'arrêter par moments, lorsque cette épreuve est faite sur le pied droit. Les deux membres tendent continuellement à se rapprocher l'un de l'autre, et on est obligé de placer des linges entre les malléoles pour empêcher, autant que possible, la douleur produite par leur pression réciproque. On ne sent aucun frottement dans aucune des jointures, dans lesquelles on détermine des mouvements passifs. La sensibilité est à peu près intacte. Celle de contact, cependant, serait peut-être légèrement diminuée. Rien à noter relativement à la coloration des téguments et à leur température.

De temps en temps, chaque jour et chaque nuit, la malade est prise d'accès de raideur spasmodique, non douloureuse, et même dans les muscles du thorax. La face se congestionne. La main droite se ferme davantage; les doigts de la main gauche et l'avant-bras du côté gauche, s'étendent au contraire; d'ordinaire, pendant ces accès, on n'observe rien dans les membres inférieurs, si ce n'est cependant, lorsque les jambes, au lieu d'être étendues, se sont peu à peu fléchies automatiquement avant l'accès, ce qui arrive de temps à autre dans ces cas ; quand l'accès se déclare, les jambes s'étendent brusquement. Lorsqu'on asseoit la malade sur un fauteuil, les membres inférieurs, d'abord étendus, se fléchissent peu à peu, et prennent l'attitude ordinaire chez les femmes assises. Pas de céphalalgie habituelle : pas de rachialgie. Intelligence et mémoire très-nettes, sens intacts.

Cette femme n'est point venue à l'infirmerie depuis l'année 1862 jusqu'à l'époque actuelle. Elle entre dans mon service le 25 novembre 1865, pour se faire soigner d'une bronchite très-intense, qui a débuté il y a deux ou trois semaines, et qui s'est aggravée beaucoup ces derniers jours. Il y a une oppression considérable. Expectoration abondante et puriforme. On ne peut pratiquer l'auscultation et la percussion qu'à la partie antérieure du thorax. La raideur des membres inférieurs empêchent de faire asseoir la malade. On a noté que la respiration costale était faible, mais qu'elle avait lieu cependant et qu'elle se faisait à peu près de la même façon des deux côtés. En comparant l'état actuel de la malade à ce qu'il était en 1862, on constate qu'il y a un amaigrissement assez considérable des membres et du tronc. Il y a, de plus, une aggravation non douteuse des troubles de la motilité. Décubitus dorsal comme autrefois. Contracture des quatre membres, mais surtout des membres supérieurs sont placés le long du corps, sur les draps qui les recouvrent. Les deux mains sont fermées ; et pour empêcher les douleurs produites de temps à autre par une pression des extrémités des doigts, lorsque la flexion s'exagère sous l'influence des accès de contractions spasmodiques, on place dans chaque main une bande de linge roulé. Le pouce de la main droite est fléchi dans l'intérieur de la main, et dès qu'on cherche à l'étendre il y a une vive douleur. Le pouce gauche est hors de la main, mais il est également contracturé. Il y a un peu d'œdème des mains qui offrent en même temps une teinte rougeâtre. On ne peut pas fléchir les articulations huméro-cubitales ; on parvient au contraire à fléchir assez facilement les jambes sur les cuisses ; il n'y a pas de contracture permanente des jambes. La malade ne peut d'ailleurs exécuter aucun mouvement spontané. Par le pincement de la peau des jambes, par le chatouillement de la plante des pieds, on provoque des mouvements réflexes assez étendus des membres inférieurs ; il est impossible d'en susciter dans les membres supérieurs. Il y a chaque jour et souventplusieurs fois par jour des spasmes dans les membres ; la contracture s'exagère alors dans le membre supérieur, et devient très-manifeste dans les membres inférieurs, qui sont parfois, dans ces moments, le siége de mouvements involontaires. La sensibilité est bien conservée ; il paraît même y avoir un peu d'hypéresthésie. — Aucun bruit anormal du cœur. La dyspnée déterminée par la bronchite fait des progrès chaque jour. L'application d'un large vésicatoire sur la région sternale, l'emploi des narcotiques n'amènent aucune amélioration, et la malade meurt le 2 décembre 1865.

AUTOPSIE *faite le 3 décembre.* — Par suite de circonstances particulières, l'autopsie n'a pas pu être faite complétement, et l'on n'a pu examiner que l'encéphale et la moelle épinière. — Aucune lésion, soit du *crâne*, soit de la *dure-mère*. Les parties superficielles et profondes de l'encéphale, examinées avec le plus grand soin, sont dans un état tout à fait normal, à l'exception du bulbe rachidien. La *moelle épinière* offre, sur différents points de sa surface, une coloration grisâtre analogue à celle que prennent les cordons postérieurs, dans le cas où ils sont frappés de sclérose. Cette coloration grisâtre se montre sous forme de taches plus ou moins grandes, discontinues, siégeant, à un eertain niveau, sur la partie latérale du côté droit, ailleurs sur la partie antérieure. Cette coloration se voit encore sur le *bulbe rachidien*, où elle s'étend sur les parties latérales et sur la partie postérieure, et remonte jusque sur le plancher du *quatrième ventricule*. Une des *olives*, celle du côté gauche, offre la même teinte dans sa moitié inférieure.

Le volume de la moelle est évidemment diminué, et, dans les points où la teinte grise est la plus étendue, il y a en même temps un aplatissement antéro-postérieur assez marqué. — *Les racines des nerfs* ont conservé leur aspect normal ; elles ne paraissent même pas avoir subi la moindre atrophie. — Il n'y a pas d'épaississement des membranes de la moelle; ces membranes ne présentent pas non plus une vascularisation ni une injection plus grande que dans l'état normal.

On fait des coupes de la moelle au niveau des points où existe la coloration grise, un peu ambrée, et l'on voit qu'il y a dans ces points une altération des faisceaux blancs de la moelle, dont les tubes nerveux ont disparu et sont remplacés par un tissu conjonctif d'une médiocre consistance. L'altération paraît bien, dans quelques points, avoir envahi toute l'épaisseur des faisceaux atteints. L'examen de ces faisceaux, à l'état frais, permet de reconnaître que le tissu conjonctif, qui a remplacé les éléments nouveaux, contient un grand nombre de noyaux et une assez grande quantité de corps amyloïdes. On a aussi constaté que plusieurs vaisseaux ont des granulations graisseuses dans leurs parois.

La moelle est partagée en un certain nombre de tronçons qu'on laisse attachés à la dure-mère par les racines des nerfs, de façon à bien reconnaître la position des divers tronçons, et on la met ainsi partagée dans une solution aqueuse d'acide chromique. Au bout de quelques jours, on voit très-nettement que les parties sclérosées ont pris une teinte jaunâtre bien différente de la teinte gris-verdâtre communiquée par l'acide chromique aux parties saines.

L'examen microscopique de la moelle n'est fait d'ailleurs qu'au bout d'un mois, et on le renouvelle à plusieurs reprises les mois suivants. Je vais d'abord indiquer l'état de la moelle à diverses hauteurs, tel qu'on le voit à l'œil nu sur les coupes. J'ai pu constater ainsi que les parties qui offraient une teinte beaucoup plus pâle que le reste de la coupe, et qui formaient une tache bien délimitée, étaient envahies complétement par la sclérose. De plus, j'employais, pour mettre encore plus en saillie ces parties altérées, le procédé indiqué par M. Bouchard, et qui consiste à passer sur la surface de la coupe un pinceau imbibé de solution de carmin ou de solution de fuchsine. Les parties sclérosées se teignent beaucoup plus vivement que les autres et deviennent alors facilement reconnaissables.

1. *Coupe faite au niveau de la jonction du bulbe rachidien et de*

la protubérance. — Ici, il n'y a que le tissu du plancher du quatrième ventricule qui soit atteint. La couche sclérosée est très-mince au milieu même ; elle devient plus large à mesure qu'on s'éloigne du sillon médian ; elle a 3 millimètres à l'endroit où l'altération s'arrête, un peu en dehors du bord externe du quatrième ventricule. La partie postérieure de chacun des corps restiformes se trouve ainsi envahie dans une petite épaisseur. Les autres parties du bulbe sont saines.

2. *Coupe faite à 5 millimètres au-dessous de la protubérance, au niveau même du sommet du bec du calamus scriptorius.* — On voit encore une couche sclérosée s'étendant de chaque côté du sommet du bec; il semble qu'il n'y ait là qu'un simple épaississement de l'épendyme. Une partie du faisceau restiforme du côté droit est altérée ; c'est la couche extérieure de ce faisceau, dans une épaisseur de 3 à 4 millimètres, qui est atteinte. La coloration ne tranche pas très nettement sur la teinte des autres parties, de telle sorte que l'altération est là probablement très-incomplète. La partie externe de l'olive du côté gauche est très-fortement altérée dans une épaisseur de 3 millimètres. Le reste de la coupe offre l'apparence normale.

3. *Au-dessus de l'entrecroisement des pyramides antérieures.* — Les deux faisceaux sous-olivaires sont altérés dans presque toute leur épaisseur ; le faisceau du côté droit l'est plus fortement que celui du côté gauche. Le reste est à l'état sain.

4. *Immédiatement au-dessous de l'entre-croisement des pyramides.* — Les parties postérieures des faisceaux latéraux et les parties externes des faisceaux postérieurs sont profondément altérées. Le reste est à l'état sain.

5. *Tout à fait à la partie supérieure du renflement cervical.* — L'altération a envahi la plus grande partie des faisceaux de la moelle. Les seules parties restées saines sont les faisceaux antéro-latéraux, à partir du sillon médian antérieur jusqu'à une très-petite distance au delà de la ligne d'émergence des racines antérieures, et un très-petit îlot superficiel situé à la partie postéro-externe du faisceau latéral du côté droit. Tout le reste de la substance blanche de la moelle est atteint de sclérose.

6. *A 2 centimètres au-dessous de la coupe précédente, à peu près au milieu du renflement cervical.* — Les parties sclérosées sont : 1° un îlot peu étendu, situé à la surface de la moelle, au niveau de la région antérieure du faisceau latéral gauche (3 millimètres de largeur et 1 millimètre 1/2 d'épaisseur) ; et 2° tout le faisceau antéro-latéral du côté droit, à l'exception d'une très-petite partie du faisceau latéral, en dehors du point d'origine apparente des racines. Le reste est dans l'état le plus normal.

7. *A 15 millimètres au-dessous de la coupe précédente, vers la partie inférieure du renflement cervical.* — Les faisceaux postérieurs sont sains. Les deux faisceaux antéro-latéraux sont altérés, à l'exception : 1° d'une bande très-mince et superficielle des faisceaux antérieurs et des parties antérieures des faisceaux latéraux ; et 2° d'un petit trousseau de fibres situé à la surface de la région postéro-externe du faisceau latéral gauche.

8. *A 7 millimètres au-dessous de la précédente coupe, au niveau même de la terminaison du renflement cervical.* — Toute la moelle est saine, à l'exception de deux petites bandes étroites, limitant le sillon antérieur, et d'un très-petit îlot situé en dehors de la partie externe de la corne antérieure du côté gauche.

9. *A 1 centimètre au-dessous de la coupe précédente : partie supérieure de la région dorsale.* — Les seules parties altérées sont : 1° l'îlot mentionné à propos de la précédente coupe, îlot qui est ici réduit presque à rien ; et 2° une partie très-étroite du faisceau latéral du côté gauche, située sur le prolongement de la corne postérieure correspondante.

10. *A 4 centimètres au-dessous de la coupe précédente.* — La moelle est entièrement saine dans toute ses régions.

11. *Un centimètre plus bas.* — Un îlot de substance sclérosée dans la partie du faisceau latéral, qui est contiguë au faisceau postérieur du côté gauche. Altération analogue du côté droit, mais un peu plus étendue et se prolongeant sur le bord externe de la corne postérieure jusqu'au centre de la moelle, en n'atteignant là que les fibres les plus rapprochées de la substance grise.

12. *Deux centimètres au-dessous de la coupe précédente.* —

Toute la moelle est saine, à l'exception du faisceau antérieur du côté gauche, lequel est altéré dans toute son épaisseur, à partir du sillon médian jusqu'à la ligne d'implantation des racines antérieures.

13. *Un centimètre plus bas.* — Il n'y a d'altéré qu'un très-petit fascicule de moins de 2 millimètres de diamètre, au-dessous de la surface, vers la partie postéro-externe du faisceau latéral du côté gauche. Tout le reste de la moelle est dans l'état le plus normal.

14. *Trois centimètres plus bas.* — Comme les précédentes coupes, celle-ci porte sur la région dorsale, mais se rapproche de la partie inférieure de cette région. Il y a une sclérose du faisceau antérieur (proprement dit) du côté droit et de tout le faisceau antéro-latéral du côté gauche. Les faisceaux postérieurs et le faisceau latéral du côté droit sont sains.

15. *Un centimètre plus bas.* — Les parties sclérosées sont : 1° tout le faisceau latéral du côté gauche ; 2° tout le faisceau postérieur du même côté ; 3° la partie interne du faisceau postérieur du côté droit. Quelques millimètres plus haut, une autre coupe avait montré que l'altération avait envahi tout ce faisceau postérieur droit, à l'exception d'une très-petite bande de sa région externe. — Le reste de la moelle est dans l'état normal.

16. *Deux centimètres et demi plus bas, vers la partie inférieure de la région dorsale.* — Il n'y a plus d'altération que dans la partie antéro-interne du faisceau latéral du côté gauche, et sur une faible largeur. Le reste de la moelle est tout à fait sain.

17. *Un centimètre plus bas, encore un peu au-dessus du renflement dorso-lombaire.* — Les deux faisceaux antérieurs, proprement dits, sont les seules parties de la moelle qui soient sclérosées.

18. *Un centimètre et demi plus bas ; région supérieure du renflement lombaire.* — Sclérose de la moitié postérieure du faisceau latéral du côté droit ; le reste de la moelle est dans l'état normal.

19. *Un centimètre et demi plus bas.* — Sclérose du tiers postérieur du faisceau latéral du côté gauche ; altération très-légère d'une très-petite partie du faisceau latéral droit, au voisinage du faisceau postérieur correspondant. — Le reste du renflement dorso-lombaire n'offre plus aucune altération visible à l'œil nu. Une re-

marque générale que ces diverses coupes ont permis de faire, c'est que les parties sclérosées offraient toutes un degré plus ou moins marqué d'atrophie, leurs dimensions normales ayant subi une réduction plus ou moins considérable. L'examen microscopique de tranches minces, coupées au niveau des diverses régions que je viens d'énumérer, a montré que les fibres nerveuses avaient bien réellement disparu dans les points que j'ai indiqués comme ayant été frappés de sclérose. Dans les parties sclérosées, au voisinage des faisceaux restés sains, on reconnaissait encore assez bien les enveloppes des fibres nerveuses, mais ces enveloppes paraissaient un peu épaissies. L'aspect de la coupe dans ces points ressemblait un peu à celui d'une coupe de tissu vasculaire végétal, si ce n'est cependant que les lignes circonscrivant les aréoles étaient moins nettes que dans ce tissu. Ces enveloppes ne contenaient plus de gaîne médullaire, et, dans un grand nombre de points, il n'y avait évidemment plus de filaments axiles. Mais je dois dire que, dans d'autres points, les enveloppes névrilématiques manquent là d'ordinaire, on voyait de très-nombreux filaments axiles conservés, que l'on reconnaissait à ce qu'ils affectaient, dans des tranches un peu épaisses, des directions parallèles entre elles, et à ce que, sous l'influence des substances colorantes, de la fuchsine, par exemple, ils se coloraient plus vivement que le reste du tissu. La teinte prise par ces filaments axiles nus était même plus foncée que celle que présentaient les filaments axiles inclus dans leur gaîne médullaire.

Dans le tissu altéré, on trouvait d'assez nombreux corpuscules amyloïdes. Les cellules nerveuses offraient des caractères parfaitement normaux dans toutes les tranches qui ont été examinées, alors même que la sclérose des faisceaux corticaux était extrêmement étendue. Les vaisseaux que j'ai vus dans de nombreuses préparations ne m'ont pas paru avoir leurs parois chargées de granulations graisseuses ; mais on avait constaté cette altération lorsque la moelle n'avait encore subi le contact d'aucun réactif, et il est probable que les granulations avaient disparu sous l'influence de la macération dans la solution aqueuse d'acide chromique et de la préparation par l'essence de térébenthine. On voyait très-bien autour de plusieurs vaisseaux la gaîne lymphatique, que M. Ch. Robin a fait connaître pour les vaisseaux des centres nerveux, et que M. His a décrite plus tard d'une façon spéciale pour les vaisseaux de la moelle épinière.

Sur certaines tranches de la moelle, on a pu voir que le tissu conjonctif, situé entre les fibres nerveuses des parties qui ne semblaient pas encore altérées, était déjà pourtant un peu moins rare que dans l'état normal. Ce tissu augmentait peu à peu, les tubes nerveux diminuant de diamètre, ou disparaissant même jusqu'aux endroits où les tubes avaient tous disparu. Parfois, au milieu du tissu sclérosé, on voyait encore un groupe de quelques fibres nerveuses épargnées ; j'ai même vu dans quelques points un seul tube nerveux rester sain, bien qu'environné de toutes parts de tissu altéré. Souvent il n'y avait pas de passage progressif du tissu sain au tissu sclérosé ; on passait au contraire, brusquement, dans un faisceau, d'une partie intacte à une partie scléreuse.

Variétés. — D'après la distribution qu'affectent les plaques de sclérose, selon qu'elles prédominent plus dans certains cordons que dans d'autres, il serait peut-être possible d'établir, dans la forme spinale, plusieurs variétés. Si, par exemple, les altérations occupent surtout les cordons postérieurs, on aura une forme que l'on pourrait désigner sous le nom de *sclérose spinale en plaques disséminées, localisées* principalement *aux cordons postérieurs*. Dans cette hypothèse, si les plaques ont envahi une hauteur assez considérable de ces cordons, on observera des phénomènes qui seront en partie ceux que l'on remarque dans l'ataxie locomotrice. D'un autre côté, si les lésions affectent à peu près uniquement les cordons antérieurs ou antéro-latéraux, on aura une seconde variété, — *sclérose spinale en plaques disséminées, locali-*

sées principalement *aux cordons antérieurs ou antéro-latéraux*. Cette division, qui ne répugne en rien au point de vue anatomique, trouve sa justification clinique dans le cas du docteur Pennock où les lésions siégeaient presque exclusivement dans les cordons antéro-latéraux. Le lecteur peut en juger lui-même.

OBSERVATION VIII.

SCLÉROSE EN PLAQUES DISSÉMINÉES (FORME SPINALE).

Fatigues nombreuses. — Engourdissements dans la jambe gauche, puis dans la droite. — Amélioration par l'hydrothérapie. — Phlegmata alba dolens. — Impossibilité de la marche. — Envahissement du bras gauche, puis du droit. — Rétention d'urine. — Intégrité de l'intelligence. — Grippe. — Phthisie pulmonaire et intestinale. — Mort. — Tubercules des poumons et de l'intestin. — Lésions du rachis. — Calculs biliaires. — Sclérose en plaques de la moelle. (Observation du Dr Pennock, rédigée par le Dr J.-C. MORRIS, traduite de *the American journal of the med. science*, par BOURNEVILLE.)

Le docteur Pennock était un homme doué, au physique, d'une large ossature et d'un excellent système musculaire, au moral, d'un caractère enjoué et bienveillant, d'une intelligence prompte et facile, et, dans le sens le plus complet du mot, un philanthrope. Né d'une famille vigoureuse, saine, jouissant d'une longévité particulière, élevé à la campagne, il fut d'abord destiné à l'agriculture et placé dans une ferme où il s'adonna au labeur ordinaire, au point de donner de grandes inquiétudes relativement à sa santé, dont on craignait la ruine.

Non content de cela, il ouvrit une école, pour la population de couleur, au bien-être de laquelle il s'intéressait profondément, et, dans les soirées, il l'instruisait lui-même après les fatigues du jour. M. Morris nous donne ces détails comme un indice du caractère de l'homme et comme une preuve de l'opiniâtreté avec laquelle il se lança dans tout ce qu'il entreprit. Trouvant la sphère ainsi ouverte devant lui insuffisante pour satisfaire son ambition d'être utile, il se mit à l'étude de la médecine, qu'il poursuivit avec un zèle extrême à l'Université de Pensylvanie, et après avoir été gradué en 1829, il visita Paris où il resta jusqu'en 1833. Alors, il revint à Philadelphie et se livra à la pratique. L'assiduité avec laquelle il remplissait ses devoirs au Dispensaire et à la Maison de secours sera rappelée avec plaisir par ses collègues; ses attentions pour le malade pauvre étaient inépuisables et incessantes. Mais c'était à la poursuite du côté scientifique de sa profession qu'il s'adonna avec l'ardeur la plus grande, étudiant avec soin l'auscultation et la percussion, nouveaux moyens de diagnostic qui fixaient à ce moment l'attention du public médical. Pennock répéta les expériences et les vivisections du docteur Hope, et publia une édition des œuvres de ce médecin, accompagnée de notes nombreuses. C'est au milieu de ces travaux qu'il commença, en 1843, à se plaindre d'un sentiment de pesanteur et d'engourdissement dans les membres inférieurs, symptômes qui l'obligèrent à renoncer à ses devoirs actifs et à ses efforts pour adoucir le sort des pauvres abandonnés. Tout ce qui, rationnellement, promettait un adoucissement en thérapeutique, fut mis en usage jusqu'en 1849, alors qu'il se détermina enfin à s'éloigner de la vie active. Sur sa situation, à cette époque et consécutivement, le docteur Worthington (de West-Chester), qui le soigna, fournit les détails suivants :

En 1849, le docteur C. W. Pennock vint résider à Hawellville (comté de Delaware), quittant la ville pour jouir des bienfaits d'une résidence à la campagne. A ce moment, son indisposition remontait déjà à six ans. Durant l'année 1843, il avait eu des *engourdissements* entre le genou et le pied. La sensation qu'il ressentait était comparable à celle d'une bande serrée autour de la jambe dans une étendue de trois ou quatre pouces. Il avait été fortement occupé, pendant l'été, par ses obligations professionnelles, au point d'influencer, à un degré inaccoutumé, ses facultés physiques et mentales. Il souffrit aussi, à cette date, durant cette saison, d'une légère diarrhée. Les sensations d'*engourdissement* et de *pesanteur* dans le membre augmentèrent graduellement sous l'influence du traitement adopté, lequel consistait principalement en contre-irritants (moutarde et ventouses sèches). On eut encore recours à l'électricité. Aucun de ces moyens ne parut arrêter la maladie qui s'accrut progressivement et s'étendit à tout le membre. Il fut amené à se servir du traitement de l'*eau froide* qui, plus que tous les autres remèdes, sembla retarder la marche envahissante de la maladie. Celle-ci, néanmoins, continua son évolution, et, dans le cours de quelques années, gagna le membre inférieur droit, avec les mêmes symptômes qui avaient été observés dans le gauche. Simultanément à l'usage de l'hydrothérapie, le docteur Pennock prenait beaucoup d'exercice, surtout à pied, ce qui probablement était plus nuisible qu'avantageux.

En 1853, il fut pris de douleurs avec gonflement des extrémités inférieures, symptômes fébriles, en un mot, tous les caractères de la *phlegmatia alba dolens*. Elle dura environ trois semaines, et disparut sous l'influence du traitement habituel, le laissant d'ailleurs incapable de marcher. A partir de là, il fut entièrement confiné au lit ou obligé de rester assis. Pendant plusieurs années, les temps chauds paraissaient diminuer ses forces et augmenter la paralysie, si bien que, l'hiver, il ne recouvrait pas la perte occasionnée par la chaleur de l'été. Quand la maladie atteignit les extrémités supérieures, elle débuta par le bras gauche, c'est-à-dire celui qui correspondait au côté primitivement frappé. Du bras gauche elle s'étendit graduellement au droit, jusqu'à ce que, en définitive, les deux bras devinrent tout à fait impuissants, à un degré tel que Pennock ne pouvait manger seul dans les dix dernières années de son existence. Bien qu'un peu diminuée, la sensibilité ne fut jamais abolie dans les membres paralysés.

Pendant tout le laps de temps qu'il le soigna, le docteur Worthington employa peu de traitements contre la paralysie. Les habitudes régulières, le soin de maintenir convenablement le canal alimentaire, une bonne ventilation de la chambre, et, lorsque le temps était convenable, la translation à l'air libre, des frictions sèches sur les membres, qui furent régulièrement faites, constituèrent les moyens principaux employés dans le traitement médical.

Cinq ans approximativement avant sa mort, le docteur Pennock eut une *rétention d'urine*, qui fut regardée comme une paralysie partielle et temporaire de la vessie. On eut recours au cathétérisme pendant quelques jours. Grâce à l'usage des diurétiques (infusion de *buchu* et d'*uva ursi*, esprits doux de nitre), cet accident se calma pour ne jamais revenir.

Un trait remarquable de ce cas, malgré une paralysie chronique et progressive, fut la conservation non-interrompue de l'intelligence. L'esprit était actif, le docteur Pennock prenant toujours un vif intérêt à tout ce qui avait rapport à une profession qu'il aimait tant, montrant la sympathie la plus profonde pour les affligés, une amitié très-chaude pour ses nombreux amis, la sollicitude la plus ardente et la plus patriotique pour son pays durant les épreuves de la guerre de sécession. Cette heureuse disposition de l'intelligence persista jusqu'à la fin de la vie. Trois semaines à peu près avant sa mort, Pennock, pris de nouveaux symptômes, fut soigné par le docteur Jacob Price, auquel sont dus les derniers détails.

M. Price, mandé le 20 mars 1867 près le docteur Pennock, trouva celui-ci tourmenté par la grippe; la sécrétion rénale était insuffisante; il y avait une sensibilité anormale à gauche et au-dessous de l'ombilic; enfin une tendance à la diarrhée. Léger mouvement fébrile. Les phénomènes bronchiques se calmèrent un peu au bout de quelques jours; en revanche, l'entérite s'accrut notablement. Il existait une tympanite marquée, symptôme que le malade présentait, il est vrai, ordinairement, mais considérablement exagéré pour l'instant. Les selles, primitivement, étaient un peu fécaloïdes, parfois muqueuses, transparentes, incolores; plus tard, elles devinrent brunes et aqueuses (quatre à six par jour). Les souffrances intestinales n'étaient pas intenses, à moins que l'abdomen ne fût comprimé. La sensibilité, dans la région déjà indiquée, était alors exquise. Tout d'abord, il s'inquiéta, pensant avoir une fièvre typhoïde.

La sensibilité intestinale, la diarrhée, le tympanisme, la bronchite et des sudamina, qui commençaient à se montrer à la fin de la seconde semaine, le poussaient vers cette idée, bien que le siége de la douleur, l'absence de taches sur l'abdomen, l'aspect de la langue n'autorisassent pas cette opinion. Il était évident d'ailleurs qu'il était travaillé par une maladie de consomption. Le pouls variait de 80 à 110. L'intelligence était intacte. L'estomac était faible et à peine capable de supporter la nourriture la plus simple.

On usa peu des purgatifs, pour lesquels Pennock avait de l'éloignement. On eut recours aux diurétiques alcalins, puis à la strychnine (1/8 de grain quatre fois par jour et continué pendant quelque temps), au sirop de lactucarium, avec extrait de quinquina, et enfin, la diarrhée augmentant, au bismuth. La strychnine parut modérer la tympanite et les troubles bronchiques, et le bismuth, sans conteste, diminua le flux diarrhéique. Il était difficile d'amener Pennock à user des stimulants, aussi ne les administra-t-on que dans une limite bien faible. Une semaine environ avant sa mort, l'urine n'offrait aucun dépôt soit par la chaleur, soit par l'acide azotique. La liqueur de Barreswill occasionnait un dépôt verdâtre, légèrement floconneux, mais aucun précipité brun. L'examen microscopique faisait voir des cristaux de triphosphate et quelques granules adhérents, probablement d'urate d'ammoniaque, et quelques dépôts amorphes de même nature. Mort le 16 avril 1867; jusqu'à la fin, intelligence parfaite.

AUTOPSIE *le* 18 *avril* 1867. — Corps bien constitué, très-légèrement émacié. Œdème du membre inférieur gauche et des deux pieds. La peau tirait sur le noir depuis la nuque jusqu'au sacrum. Incurvation spinale latérale gauche, à convexité antérieure depuis la septième vertèbre cervicale jusqu'à la deuxième ou troisième dorsale.

Examen de l'axe cérébro-spinal. — Congestion marquée de l'occipital; — même chose de la portion lambdoïdale et postérieure des sutures sagitales. Tache ecchymotique sur le pariétal droit, entre les sutures sagittale et coronaire. Issue d'une grande quantité de sérosité, au moins six onces, rendue rougeâtre par le

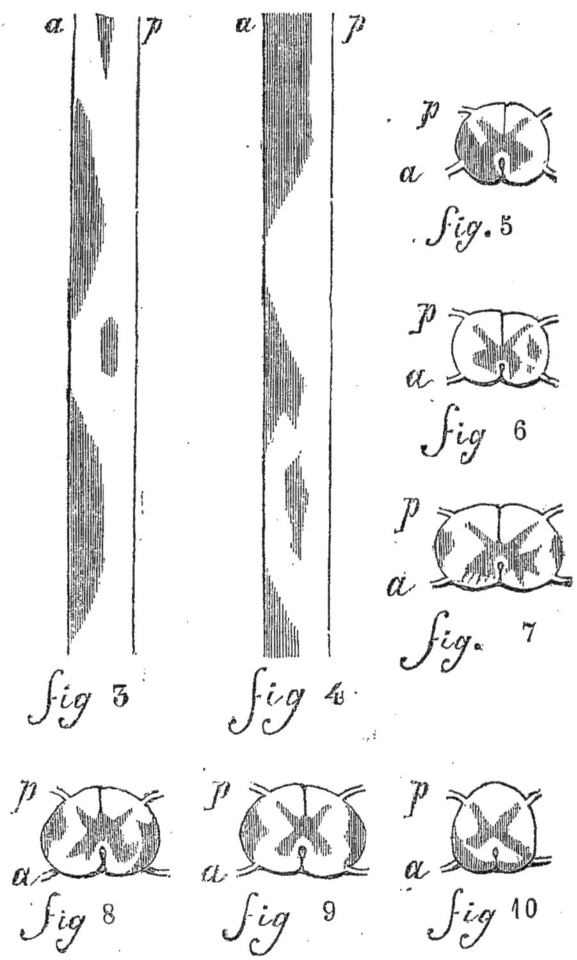

FIG. 3. Moitié gauche de la moelle : *a*, cordon antérieur; *p*, cordon postérieur. — FIG. 4. Moitié droite : *a*, cordon antérieur, etc. — Les figures suivantes représentent des coupes de la moelle cervicale au niveau des racines nerveuses — de la 3e et 4e paires (FIG. 5), — de la 5e (FIG. 6), — de la 6e (FIG. 7), — de la 7e (FIG. 8), — de la 8e (FIG. 9). — FIG. 10, coupe de la moelle entre la 7e et la 8e paire dorsale. — *a*, racines antérieures, — *p*, racines postérieures.

mélange du sang. Légère injection de l'arachnoïde pariétale et de la pie-mère. — Le cervelet était mou, légèrement congestionné; l'arbre de vie distinct. — Le cerveau était plus mou et plus hypérémié que de coutume. Le corps calleux, la voûte à trois piliers, les pédoncules du cerveau étaient légèrement mous; ceux-ci se déchirèrent par l'ablation du cerveau. Bulbes olfactifs très-ramollis. Un peu de liquide dans les ventricules latéraux; pas de troisième ventricule. Les plexus choroïdes, congestionnés, présentaient de nombreux kystes gorgés de sérum. La surface des ventricules latéraux paraissait aussi ramollie, par imbibition de la sérosité. La cavité rachidienne était diminuée et on notait de la mobilité entre les 3ᵉ, 4ᵉ, 5ᵉ et 6ᵉ vertèbres cervicales. La moelle épinière était environnée d'une quantité considérable de sérosité claire et les vaisseaux de la surface étaient congestionnés. La moelle fut mise de côté, avec des portions de l'encéphale, pour l'examen microscopique.

Abdomen. — L'abdomen ouvert, on voit l'S iliaque du côlon excessivement distendu par des gaz d'une odeur très-prononcée; il s'élevait presque jusqu'à l'épigastre, était fortement congestionné et enflammé, grisâtre en certains endroits, et contenait, outre les gaz, un liquide noirâtre, sanguinolent, granuleux et une couche de sang coagulé sur la paroi. Le gros intestin et le grêle, le mésentère, étaient parsemés de tubercules sous-péritonéaux nombreux, jaunes, caséiformes. La vésicule biliaire était remplie de calculs et de pus provenant, par un trajet fistuleux, d'un ancien abcès, probablement tuberculeux, à parois dures et à contours quelque peu caséeux, situé dans le foie. La surface de ce dernier présentait, à droite du hile, une dépression en forme de fosse; la glande elle-même était ramollie et friable; les divisions de la capsule de Glisson très-apparentes. Reins congestionnés, ramollis. Capsules surrénales saines. Athérome à la bifurcation de l'aorte. Grande quantité de sérum dans le péricarde. Cœur très-ramolli, en voie de dégénérescence; valvules saines.

Thorax. — Poumon droit adhérent à la base, en arrière et en haut. Tubercules en voie de ramollissement très-abondants dans les deux sommets.

Squelette. — Toute la colonne vertébrale est très-ramollie; le scalpel coupe facilement les vertèbres. Même état des trochanters, des rotules, de la tête du tibia et des os du tarse. A l'extrémité inférieure du sacrum, apophyse épineuse, probablement celle de la dernière vertèbre sacrée, se projetant en arrière, jusqu'à un quart de pouce de la peau.

Examen microscopique par le docteur S. Mitchell. — Les parties soumises à l'examen étaient des portions des deux hémisphères cérébraux, la moitié antérieure du cervelet, les pédoncules cérébraux, le corps strié, les tubercules quadrijumaux et le pont de Varole, la moelle allongée, toute la moelle épinière et un morceau du nerf brachial gauche. Toutes étaient en bon état, ayant été enlevées deux jours après la mort, le corps étant conservé dans la glace. A l'exception de la moelle épinière et allongée, les organes ci-dessus n'offraient d'autre altération notable qu'une dégénérescence graisseuse légère mais uniforme de leurs vaisseaux sanguins. Pas de ramollissement évident. En haut de la face postérieure de la moelle allongée, à l'ouverture du quatrième ventricule, petite concrétion rugueuse de deux lignes de diamètre, irrégulièrement arrondie, située entre les deux corps restiformes et les pyramides postérieures à l'endroit où elles se divisent pour pénétrer dans les parois du ventricule. Ce corps étranger était incrusté dans les membranes et, par la pression, avait altéré la forme des cordons, surtout à gauche. Le plancher du ventricule n'offrait pas de traces de compression ni d'inflammation.

Aucune lésion dans la moelle allongée, mais les *régions dorsale et cervicale de la moelle épinière étaient très-altérées.* A l'état frais, cette altération représentait une série de *taches grises*, translucides, ou même parfaitement transparentes, irrégulières; c'était une dégénérescence gélatineuse, de nature atrophique, puisque les taches en question étaient quelque peu déprimées, et que leur surface était assez au-dessous de celle de la moelle pour indiquer une perte de substance.

L'examen microscopique de ces parties, fait surtout sur les parties blanches de la moelle, montre : 1° une absence totale de tubes nerveux normaux et de cellules nerveuses; 2° des molécules, une matière finement granuleuse et de petits globules graisseux très-abondants; 3° pas de corpuscules granuleux; 4° de nombreuses fibres qui étaient peut-être des tubes nerveux dégénérés (atrophie) ou des fibres de tissu connectif, comme celles qu'on trouve dans le tissu de la moelle épinière. Les vaisseaux de la moelle offraient çà et là des dépôts graisseux spécialement apparents au voisinage des parties atrophiées. Ailleurs, les vaisseaux étaient pour la plupart enveloppés d'une masse de molécules graisseuses, qu'ils traversaient, la graisse n'étant pas seulement déposée dans leurs parois, mais aussi amassée en dehors, sur leur trajet.

L'état exact de la gélatinisation grise de la moelle a été l'objet d'une étude très-attentive. A part une petite tache occupant la *corne droite postérieure* de la substance grise à l'origine de la première paire, et une tache analogue à gauche dans la même situation, *l'altération avait respecté les cornes et les cordons postérieurs de la moelle.* Les deux taches ci-dessus offraient les modifications microscopiques déjà décrites.

Les *cordons latéraux* étaient extrêmement *altérés*, les taches étaient situées, d'une façon générale, entre les racines antérieures et la ligne centrale des cordons latéraux, affectant surtout, par suite, les parties les plus voisines des racines nerveuses antérieures. En trois endroits l'altération s'étendait *au delà des cordons antérieurs.* De la septième paire dorsale à la huitième, une large tache s'étendait à travers les cordons antérieurs. A l'origine de la dixième paire dorsale et de la seconde lombaire, deux taches traversaient les *cordons antérieurs* droit et gauche, et en occupaient toute la largeur. Plus bas, la moelle était saine. Les lésions les plus considérables siégeaient dans les cordons antérieurs de la moelle cervicale. A la région dorsale, les taches, encore abondantes, étaient moins communes que plus haut, et intéressaient la moitié de la surface. En de nombreux points des régions dorsale et cervicale l'atrophie occupait le point d'entrée des racines antérieures et la substance grise des cornes postérieures. Le canal central de la moelle était distinct tout du long, condition qui disparaît ordinairement à la fin de l'enfance.

— La partie examinée du *nerf brachial* ne présentait que quelques fibres atrophiées.

Les symptômes suivants peuvent s'expliquer par l'état du système nerveux : 1° l'intégrité des phénomènes intellectuels et moraux; 2° la perte absolue du mouvement volontaire au-dessous du cou; 3° l'intégrité presque complète de la sensibilité du tact; 4° la régularité de la respiration, les mouvements réflexes étant conservés et prenant la forme spasmodique à la suite de l'irritation de quelques régions de la peau. On aurait cru très-invraisemblable la conservation de l'intelligence, avec une altération si générale des vaisseaux du cerveau. Cependant, il en était ainsi, et il est intéressant de noter qu'il n'y avait certainement pas de ramollissement morbide. La perte des mouvements volontaires s'explique facilement par la grandeur de l'altération des cornes et des cordons antérieurs et par l'altération si générale de la partie antérieure des cordons latéraux, immédiatement sur le trajet des racines nerveuses antérieures. Le toucher était intact, parce que les cornes et les cordons postérieurs n'étaient lésés qu'en un seul point et même en cet endroit la lésion n'avait que trois lignes d'étendue à gauche, et que l'atrophie n'était pas complète à droite, de sorte que ces altérations étaient insuffisantes pour modifier notablement la sensibilité générale.

« Les phénomènes rapportés précédemment, dit le docteur J.-C. Morris, peuvent être classés sous trois chefs : 1° les altérations des centres nerveux ; 2° les altérations dans la nutrition des divers autres organes; 3° la cause immédiate de la mort.

« 1. L'encéphale, d'une manière générale, était à peu près normal. Rappelons cependant la présence d'une quantité excessive de sérosité, l'accumulation de granulations graisseuses autour des petits vaisseaux sanguins, la concrétion du quatrième ventricule, l'absence du ventricule moyen et la légère diminution de consistance due probablement à l'abaissement de toutes les fonctions nutritives. En raison de l'intégrité de l'intelligence persistant pendant toute la durée d'une maladie de 24 ans et jusqu'aux derniers moments de la vie, malgré l'existence probable d'une grande quantité de liquide dans les ventricules et dans la cavité de l'arachnoïde, on est autorisé à songer aux cas décrits par M. Hilton, dans son travail intitulé : *On Disease and Mechanical Rest* et inséré dans *The Lancet*. Le manque probable d'une communication quelconque entre les ventricules latéraux et le quatrième ventricule serait une raison capable d'expliquer pourquoi on ne remarquait aucune différence dans l'ensemble des phénomènes paralytiques sous l'influence soit de la station verticale, soit du décubitus horizontal. La constatation, par le docteur Price, du défaut de sucre dans les urines est intéressante à cause du lieu occupé, dans le quatrième ventricule, par la masse calcaire.

« En ce qui concerne la *moelle épinière*, rien de plus frappant que la confirmation, apportée par ce fait, des opinions de Brown-Sequard, relatives au mode de transmission du pouvoir moteur volontaire à travers les cordons antérieurs et antéro-latéraux. Si nous supposons que l'effort longtemps prolongé de ses pouvoirs physiques (*his physical powers*) a détruit ou atrophié une partie des cellules motrices de la corne antérieure, lésion suivie d'une dégénération atrophique, régressive, gélatiniforme des tubes nerveux partant de ces cellules, et que ce processus était entretenu parce que les cellules restantes étaient forcées d'exagérer leur action pour maintenir les fonctions de la vie, nous sommes obligé de reconnaître que nulle hypothèse n'aboutirait à un résultat ressemblant plus étroitement à ce que nous avons vu dans ce cas, que les notions physiologiques rappelées tout à l'heure. L'une des particularités les plus remarquables, ici encore, c'est l'absence de ramollissement blanc ou rouge.

« La nutrition dans les os, les muscles, les viscères était évidemment affaiblie; toutefois, il n'y avait pas de dépérissement. Mais le ramollissement des os, leur aspect congestionné, la dégénérescence graisseuse du cœur, du foie et des reins (en apparence récente, ou au moins, peu avancée), et les tubercules disséminés à la face sous-péritonéale des intestins et dans les poumons, tout tend à démontrer une perversion considérable de la nutrition, — une diminution de la force vitale. A ce point de vue, remarquons que le docteur Pennock s'était réduit, pendant plusieurs années, à une nourriture presque exclusivement végétale, sous prétexte que, ne faisant pas d'exercice, il devait écarter toute alimentation animale. Nulle prédisposition aux tubercules dans sa famille dont plusieurs des membres ont souffert de la goutte ; une tante, plusieurs années consécutives, aurait eu une maladie simulant une affection paralytique, et un autre parent avait un arrêt de développement d'une jambe, — sans doute d'origine nerveuse.

« 3. On ne peut hésiter un instant à admettre que la mort n'ait été occasionnée par l'état inflammatoire, intense, semi-gangréneux de la portion inférieure de l'intestin. L'organisme, par suite de l'affaiblissement ancien, étant incapable de supporter le processus inflammatoire, succomba promptement à une cause habituellement légère, telle que l'épidémie régnant alors, la grippe. »

2° *Forme cérébro-spinale.*

Nous suivrons le même ordre que pour l'étude de la forme spinale.

Début. Il est brusque ou lent ; de plus : *a*) la sclérose peut débuter par une faiblesse subite ou progressive de l'un des membres inférieurs ou des deux ; *b*) par cette même faiblesse s'accompagnant en même temps de phénomènes cérébraux ou oculaires; *c*) par des phénomènes cérébraux ou oculaires suivis bientôt de symptômes de faiblesse dans les membres inférieurs.

Les symptômes propres à la forme spinale peuvent ouvrir les premiers la scène morbide ; dans d'autres cas, ils sont soit suivis, soit précédés de phénomènes cérébraux, tels que céphalalgie, vertiges.

Première période. 1re phase : Du côté des membres, nous trouvons les mêmes symptômes que ceux signalés plus haut dans la forme spinale; aussi ne ferons-nous que les résumer. Le malade ressent une faiblesse d'abord, puis une parésie de l'un des membres inférieurs ou des deux, s'étendant tôt ou tard aux membres supérieurs, et suivant une marche tantôt progressive, tantôt, au contraire, présentant des rémissions ou des exacerbations; mais à ces troubles qui constituent le plus souvent, à eux seuls, les symptômes de l'affection pendant un temps plus ou moins long, se joignent des phénomènes céphaliques qui sont, ou permanents, ou bien surviennent par intermittences. Ces phénomènes cérébraux sont l'affaiblissement de la vue, la diplopie, un état vertigineux habituel, de la céphalalgie, de l'embarras de la parole, des attaques apoplectiformes passagères sans perte de connaissance.

Une femme, dont l'observation est due à M. Charcot, présenta des vertiges rares d'abord, puis de plus en plus rapprochés, sans perte de connaissance, ni mouvements convulsifs. Peu après, durant la nuit, elle eut, à la suite de vomissements abondants, un engourdissement de tout le côté droit : le matin, elle avait une hémiplégie. Une nouvelle attaque ayant éclaté trois ans plus tard, la parole fut abolie pendant deux semaines.

Ludwig Leo, nous raconte que son malade, Nolle, fut pris, au début, d'accès de céphalalgie et de vertiges qui, augmentant pendant la marche, diminuaient par le repos : il lui fallait alors s'appuyer aux meubles pour ne pas tomber. Dans l'espace d'une nuit, affaiblissement, puis paralysie du côté gauche, s'étendant à droite; diplopie ; plus tard, embarras de la parole, et la paralysie, qui avait diminué au point de permettre au malade d'écrire, devient complète.

Chez une femme qui s'aperçut de faiblesse dans les membres inférieurs, quinze jours après sa grossesse, on avait noté au cinquième mois de la conception des étourdissements, de la céphalalgie, de la diplopie.

Chez la femme Carpentier, on avait trouvé au début de la difficulté dans l'articulation des sons, des troubles de la vue.

2e Phase. Après une durée variable, paraît le tremblement qui envahit les membres inférieurs, puis les supérieurs, s'étend ensuite à la tête, au globe oculaire (nystagmus), à la langue.

Le tremblement, pour être facilement apprécié, exige certaines précautions indispensables : c'est ainsi que, si le malade est couché et calme, on ne remarque aucun mouvement anormal; mais vient-on à lui commander de lever le bras, les jambes, aussitôt on voit les membres agités d'oscillations rhythmiques ; le fait-on asseoir sur son lit, la tête est prise immédiatement des mêmes secousses convulsives. On voit de même le globe oculaire agité de mouvements oscillatoires quand le malade veut fixer un objet; à ce moment aussi, il y a de l'embarras de la parole, l'articulation des mots est lente, embarrassée, traînante. Le tremblement n'apparaît pas seulement quand le malade exécute des mouvements d'une certaine étendue, on le remarque encore quand le malade est en proie à une vive émotion.

Deuxième période. La paralysie devient de plus en plus complète dans les membres affectés les premiers de faiblesse : le malade, dont la marche était difficile d'abord, est sujet à des chutes fréquentes; il ne peut plus se soutenir sans aide; en un mot, tous les symptômes observés dans la première période s'aggravent progressivement. Mais alors apparaissent des phénomènes nouveaux : une rigidité ou contracture permanente s'empare des membres paralysés; en outre, des convulsions spontanées ou provoquées, revenant par accès, se surajoutent à la contracture, quelquefois apparaissent avant elle pendant un temps plus ou moins long.

Ces troubles sont ordinairement tardifs; on les a observés cependant deux ans après le début, mais, en général, ils apparaissent après un temps beaucoup plus éloigné cinq ou six ans en moyenne, de sorte que, si, dans l'intervalle, le malade succombe à une affection intercurrente, ils peuvent manquer; mais si le malade survit, ces symptômes, la rigidité permanente en particulier, se manifestent.

Les accès convulsifs se montrent habituellement dans les membres inférieurs, plus rarement dans les supérieurs. Ces spasmes tétaniques (*épilepsie spinale*) sont spontanés ou provoqués et se présentent sous deux formes : ce sont tantôt des convulsions toniques, et c'est de beaucoup le cas le plus fréquent, tantôt ce sont des convulsions cloniques.

De plus, les troubles de la vue s'accentuent davantage; à l'ophthalmoscope, dans le cas de Vinchon, les veines étaient légèrement dilatées et la papille offrait un commencement d'atrophie. L'embarras de la parole est de plus en plus prononcé; le malade scande les mots, faisant une pause à chaque syllabe qu'il prononce d'une façon lente, comme s'il avait de la peine à produire les mouvements nécessaires à l'émission des mots, et non parce que le travail cérébral est laborieux, car les malades s'impatientent souvent de cet embarras de la parole (1).

La sensibilité au toucher, à la douleur, à la chaleur, reste ordinairement intacte.

A cette période de l'affection, la physionomie des malades n'a rien de spécial. La mémoire, le raisonnement, les facultés affectives qui, en général, ne sont pas modifiées au début de cette période, subissent bientôt des changements appréciables. Les malades qui fournissaient des renseignements précis sur l'évolution des phénomènes qu'ils présentent ont maintenant de la peine à indiquer nettement les phases successives de leur affection. L'intelligence perd de sa vivacité habituelle : dans le premier cas de Valentiner (Obs. VI, page 58), nous trouvons noté un état mental excitable, une exaltation religieuse et des accès de mélancolie; dans la seconde observation du même auteur, il y avait aussi une diminution notable des forces psychiques (Obs. IX, page 93). D'autres malades offraient un état voisin de la stupeur, une sorte d'hébétude.

La respiration, la circulation sont presque toujours

(1) Dans la *paralysie agitante* il y a aussi une modification de la parole. Les malades hésitent en parlant d'une façon différente ; ce n'est pas après chaque mot, après chaque syllabe qu'il y a un arrêt, mais après des fragments de phrase, des phrases prononcées d'un ton bref, saccadé. Avant de commencer les discours, il y a une sorte de travail, un effort de la volonté, puis quelques mots jetés à la hâte.

normales, ainsi que les fonctions digestives ; toutefois, la plupart des malades ont, une constipation habituelle nécessitant l'emploi répété des purgatifs.

Les sécrétions (sueurs, urines) n'ont pas paru altérées; chez une malade, la sécrétion urinaire était normale, mais il y avait de fréquentes envies d'uriner. La salivation chez une autre (Baudoin) était exagérée.

Quant à la menstruation, les renseignements sont insuffisants : quelquefois régulière, d'autres fois moins abondante, elle avait aussi une durée moins longue. Dans le cas suivant, elle paraît avoir eu quelque influence sur la marche de la maladie.

OBSERVATION IX.

SCLÉROSE EN PLAQUES DISSÉMINÉES. (FORME CÉRÉBRO-SPINALE.)

Refroidissement. Faiblesse du membre inférieur droit, puis du gauche. — Tremblement des mains pendant les mouvements. — Influence des règles. — Troubles légers de la sensibilité. — Difficulté de la prononciation. — Troubles psychiques. — Nystagmus. — Strychnine, seigle ergoté. — Paralysie des sphincters. — Scoliose. — Mort. — Noyaux indurés dans le cerveau et la moelle. (Deuxième cas de VALENTINER, *loc. cit.*)

Rosine Spitale, 20 ans, en 1850. — A 17 ans, elle est prise tout à coup, à la suite d'un refroidissement au passage d'un ruisseau, de faiblesse d'abord dans le membre inférieur droit, puis dans le membre inférieur gauche. Quelque temps après, les mains se mirent à trembler quand elle s'en servait.

A 18 ans, l'apparition des règles amène un amendement, et la malade, aidée, pouvait un peu marcher ; bientôt la menstruation cesse et en même temps il y a réapparition des accidents.

Les phénomènes de demi-paralysie se sont développés sans convulsions et sans perte de connaissance. Ils se sont étendus aux yeux et à la langue. — Troubles de la sensibilité modérés. Il n'y a que de l'engourdissement dans les membres inférieurs, et un sentiment de gonflement de la langue. — Difficulté de la prononciation, et diminution des forces psychiques.

A l'entrée, 1853, la malade est encore grasse. Traitement :

Un demi-grain de strychnine par jour donne un amendement de 10 ou 12 jours.

L'électrisation produit plus de mouvements dans les membres inférieurs et, au contraire, du tremblement dans les supérieurs.

Dans le courant du mois, la parésie des membres inférieurs est presque complète; le tremblement des yeux, avec dilatation de la pupille, très-prononcée; l'état psychique se transforme en une vraie stupidité.

1854. *Janvier.* Les mains tremblent moins; selles et urines involontaires. Alors, usage du seigle ergoté, jusqu'à la dose de 2 drachmes par jour pendant plusieurs semaines ; il agit heureusement sur l'état des sphincters et des membres, et, pendant quelque temps, quelques mouvements sont possibles.

Au printemps 1854. Eschare au sacrum.

Septembre. Collapsus, l'eschare fait des progrès rapides ; douleurs de tête; pouls, 136.

Octobre. Frissons répétés; sensibilité des extrémités inférieures; affaiblissement des muscles extenseurs du dos, à droite, d'où *scoliose* vers la droite. — Le tremblement des extrémités persiste.

1er *novembre.* Mort. Après avoir offert une parésie des muscles du pharynx; gonflement œdémateux.

AUTOPSIE. — La substance cérébrale est dure; la substance qui avoisine les ventricules latéraux, et celle de la protubérance étaient dures. On trouvait là des *noyaux gris* superficiels et profonds.

En outre, il y avait des parties très-fermes, d'un blanc pur, rayonnées, que la différence de dureté, plus que l'apparence, permettait de distinguer de la substance environnante.

Au *microscope*, les noyaux indurés, blancs, consistaient aussi en une masse fibreuse analogue au tissu connectif; les éléments de la moelle nerveuse sont tous ou presque tous disparus; les noyaux blancs n'étaient pas comme les gris, déprimés au-dessous de la surface de la coupe.

La *moelle épinière* était çà et là indurée.

Rien aux grosses artères. — Rien aux viscères.

Dans ce cas, la mort est survenue sans complication.

Troisième période ou période terminale. — Le malade, confiné à la chambre, ne quitte plus lit. Les spasmes, les accès de roideur sont quelquefois plus rapprochés, d'autres fois, ils cessent complétement. Il peut arriver que ces accès de roideur soient précédés d'élancements, lesquels, se montrant d'abord dans un segment du membre, font place à la roideur, gagnent plus haut, sont également remplacés par de la roideur, etc. Une malade qui présente ces particularités déclare ne plus souffrir quand la roideur s'est substituée aux élancements (1). La roideur, qui primitivement étend le membre, est, dans certains cas, remplacée par de la contracture des muscles fléchisseurs. Quoi qu'il en soit, la contracture devient permanente.

L'embarras de la parole augmente : elle devient inintelligible. La soif est plus intense; la déglutition s'exécute péniblement, les malades accumulent le liquide dans leur bouche, puis, après hésitation, ils cherchent à l'avaler, mais alors il s'en écoule une partie au dehors. Il y a un amoindrissement graduel dans l'énergie de

(1) Ce cas est exceptionnel. Le plus souvent, et cela se conçoit sans peine, la roideur est douloureuse. C'est à elle que maintes fois nous avons vu les malades attribuer leurs insomnies.

toutes les fonctions ; l'appétit diminue, l'assimilation est défectueuse, l'amaigrissement fait des progrès rapides : il survient de la diarrhée. L'intelligence s'affaiblit de plus en plus, la mémoire est presque nulle ; on note des hallucinations (Obs. XIV, page 129).

La nutrition souffre ; il y a une atrophie générale, et bientôt on voit apparaître des eschares au sacrum, entretenues, aggravées par la paralysie des sphincters.

Enfin le malade succombe. La mort peut reconnaître deux causes : elle peut être due à l'affaiblissement progressif de tout l'organisme donnant lieu à de l'amaigrissement, à des eschares, à des troubles de la déglutition, de la respiration ; cinq malades sur les vingt qui font la base de ce travail ont succombé à des eschares. Mais, en général, et le plus souvent, ce sont des complications qui terminent la scène ; ces complications sont, ou des maladies aiguës : bronchite avec expectoration puriforme (un cas), pleurésie (un cas), pneumonie (deux cas), pneumonie caséeuse (deux cas), érysipèle (un cas), dysentérie (un cas), attaques apoplectiformes (deux cas) ; ou bien des maladies chroniques, et surtout la phthisie ordinaire (quatre cas).

OBSERVATION X.

SCLÉROSE EN PLAQUES DISSÉMINÉES (FORME CÉRÉBRO-SPINALE.)

Excès de travail. — Céphalalgie. — Vertiges. — Hémiplégie incomplète à gauche, puis à droite. — Secousses. — Excitations réflexes. — Difficulté, impossibilité subite de la marche. — Phénomènes oculaires. Attaques apoplectiques. — Affaiblissement progressif.

— *Mort.* — *Nombreuses plaques de sclérose dans le cerveau, la protubérance, la moelle.* (Observation de Ludwig LEO) (1).

Adolphe Nolle, étudiant en théologie, né en 1834, a joui d'une bonne santé jusqu'en 1860. Il était de grande taille, de formes athlétiques, et se livrait avec ardeur à toutes les exercices du corps. Son intelligence et son instruction paraissent normales, quoique sans dépasser la moyenne. L'amabilité et l'égalité de son caractère lui ont gagné beaucoup d'amis. Sa mère, le père, et les frères et sœurs de sa mère, sont morts subitement d'apoplexie. Son père est mort, il y a sept ans, vraisemblablement tuberculeux. Le malade est fils unique. En 1859, par suite d'une longue maladie de son père qui exerçait un emploi administratif, il fut obligé de l'aider activement et de le suppléer. Il fut ainsi retardé dans ses études, et, son père étant mort au bout d'un an, il se mit, avec acharnement, à préparer ses examens. Il vint à Halle dans des conditions extérieures défavorables, se livrant avec une activité extrême à la préparation du premier examen de théologie.

Dès le commencement de sa vingtième année, il avait souvent souffert de céphalalgies, dont il s'était peu occupé. En juin 1860, elles se compliquèrent de temps à autre d'accès vertigineux que provoquaient surtout une marche rapide et qui disparaissaient progressivement s'il ralentissait son pas ou s'arrêtait. Pendant le vertige, il lui fallait parfois s'appuyer à un mur, et il lui était impossible de fixer son regard sur un objet déterminé. Comme il n'interrompit pas son travail et qu'il couchait auprès d'un mur chauffé par un four situé derrière, ses malaises s'accrurent au point qu'il avait la tête toujours lourde et embarrassée.

Une nuit, vers la fin d'août, il fut éveillé par de violentes palpitations; il essaya de se lever, et tomba par terre, sans perdre connaissance. Il dit avoir d'abord transpiré abondamment, après avoir eu froid; il lui était impossible de saisir les objets avoisinants. Il

(1) Nous devons la traduction de cette observation ainsi que celle de plusieurs autres à notre excellent ami E. TEINTURIER.

ignore combien de temps dura cette situation; enfin il put se relever et se remettre au lit. Le lendemain il s'aperçut que sa bouche était déviée à gauche, et que toute la moitié de son corps était notablement affaiblie. Son médecin ordonna des ventouses scarifiées, des purgatifs salins et défendit tout travail; il n'en fit rien, et la faiblesse du côté gauche se transforma bientôt en paralysie. En même temps le côté droit commença à s'affaiblir, et il se produisit des mouvements réflexes anormaux, surtout des secousses dans les bras qui l'empêchaient d'écrire. A cela s'ajouta une violente céphalalgie à gauche et de la diplopie. Tandis que les phénomènes d'excitation et que l'action réflexe anormale s'exagéraient, la paralysie diminuait progressivement; la bouche reprit sa situation naturelle, et le malade put écrire, avec un peu de gêne. Il reprit donc ses études et chercha, mais sans complétement y réussir, à combattre la diplopie en fermant un œil ou en se servant de lunettes prismatiques.

L'aggravation du mal, surtout de la faiblesse générale, obligèrent le malade, après de grands combats, à renoncer à passer l'examen. Retourné dans sa patrie, dans l'été de 1861, il dirigea une école privée pour les enfants de ses amis. Sa force morale était encore intacte, et il savait maîtriser sa souffrance corporelle, si bien qu'il put tenir cette école pendant un an. Cependant, la paralysie s'aggrava, avec des périodes d'arrêt; la faiblesse, pendant la marche, notamment, devint peu à peu si considérable, qu'au commencement de juillet 1862, il pouvait à peine faire cinquante pas. Au commencement d'août, il alla aux bains de Nauheim, et n'en prit que cinq, son état empirait. Il quitta Nauheim pour entrer à Bonn, le 2 septembre, à l'hôpital évangélique.

État au moment de l'admission. — Le premier symptôme qui frappe est la démarche chancelante; on voit que le malade, malgré sa forte constitution et sa musculature encore assez développée, a perdu tout pouvoir sur ses jambes. Quand il marche seul dans le corridor de l'hôpital, il lui faut appuyer alternativement ses mains aux deux murailles, pour ne pas tomber. En marchant, la jambe levée décrivait des mouvements de fronde dans diverses directions; la jambe appuyée au sol se tenait droite et ferme, mais les muscles présentaient un tremblement oscillatoire, qui apparaissait dans les deux jambes quand le malade voulait se tenir debout, ce qu'il pouvait faire pendant un court espace de temps les yeux ouverts. Les yeux fermés, l'oscillation de tout le corps devenait aussitôt manifeste. Les muscles de la jambe étaient encore assez développés, seulement les jumeaux étaient déjà notablement flasques. Le malade, couché, pouvait mouvoir la jambe avec force, la fléchir et l'étendre; mais ces mouvements se faisaient toujours avec une certaine rapidité anormale. — La sensibilité aux deux extrémités inférieures était considérablement amoindrie; la compression, le pincement, la piqûre, le froid, la chaleur étaient encore senties, et, s'ils étaient énergiques, provoquaient de la douleur; mais la faculté localisatrice normale avait disparu. — Ses bras étaient assez indemnes; les mains assez libres pour que le malade, bien qu'avec un peu de gêne, pût écrire. Il s'amusait fréquemment à étendre les bras, et il pouvait se tenir suspendu et même soulever tout son corps avec les bras. Assis, debout, ou marchant, il ne pouvait tenir la tête droite; elle vacillait de côté et d'autre. La face avait une expression naturellement douce et intelligente; les phénomènes paralytiques, du côté du facial, étaient presque insensibles. La langue tremblait quand il la tirait. — L'œil gauche était très-myope; la pupille droite dilatée au maximum par suite d'un accident d'enfance se déviait en haut. La puissance visuelle était diminuée de ce côté; l'exploration à l'ophthalmoscope montrait la pupille enfoncée et tirant sur le gris. Avec des lunettes concaves, ou en approchant beaucoup le livre, le malade pouvait encore très-bien lire. — Les forces intellectuelles étaient continuellement intactes et le restèrent jusqu'à la fin; il pouvait décrire sa maladie et la marche de celle-ci, avec la plus grande exactitude et sans jamais varier. (Les renseignements donnés plus haut sont dus tous au malade et ont été en partie confirmés par le Dr Moers.) Son jugement était droit, son humeur égale, et toujours plein d'espoir dans la guérison. — La parole, dans les premiers temps de son séjour à l'hôpital, n'était pas altérée; l'ouïe était tout à fait normale. — Appétit bon, constipation légère, lenteur dans l'expulsion de l'urine dès l'entrée à l'hôpital. — Cœur et organes respiratoires parfaitement sains; fréquentes douleurs au côté gauche du front, la tête le plus souvent lourde, embarrassée et vertigineuse. Au lit, surtout la nuit, survenaient fréquemmeut dans les jambes des secousses spontanées assez douloureuses, interrompant le sommeil. Quand elles ne se produisaient pas, le malade dormait généralement bien. Il se plaignait en outre de douleurs dans les reins, douleurs rayonnant dans la région du bas-ventre, comme s'il avait été serré dans un cercle.

Marche de la maladie. Le malade est resté quatre ans à l'hôpital avant de mourir; sa maladie n'a fait que s'aggraver incessamment, tantôt brusquement, tantôt progressivement. —L'aggravation brusque de la maladie se produisait par attaques apoplectiformes nocturnes analogues à celle de 1860, et qui reparurent sept fois en quatre ans (27 octobre et 8 décembre 1862, 8 janvier et 14 août 1863, 23 février et 21 juillet 1865, 26 mars 1866). Des palpitations, de la céphalalgie, l'afflux du sang à la tête réveillaient le malade; il sentait ses mouvements empêchés, sans perdre connaissance; il savait avec précision et racontait le matin qu'il avait eu une attaque dans la nuit. Le pouls était alors accéléré, parfois galopant, la tête chaude, la bouche déviée d'un côté, la commissure opposée pendante, affaissée, laissant écouler la salive, la parole balbutiante, la main et le bras paralysés du côté attaqué. Toujours, après ces accès, la paralysie de toutes les parties affectées s'aggravait considérablement; les effets immédiats de l'attaque disparaissaient bien chaque fois au bout de quelques jours, mais l'amélioration consécutive ne ramenait jamais le malade où il en était auparavant. Comme les attaques se montrèrent plus nombreuses, et de préférence (les quatre premières) dans les deux premières années de séjour à l'hôpital, et comme il n'y en eut pas en 1864, la maladie, pendant la première moitié de cette période atteignit un très-haut degré de gravité, puis se maintint stationnaire pendant quelques mois, et enfin s'achemina vers son issue funeste, après deux attaques en 1865 et une en mars 1866, pour se terminer le 19 août 1866, à la suite d'une attaque à marche très-légère, épuisant rapidement les forces du malade et se compliquant de fièvre et de gêne de la respiration.

Outre l'aggravation consécutive aux attaques, on constate aussi un affaiblissement incessant et progressif des forces nerveuses indépendamment et en dehors de ces attaques. — La paralysie limitée d'abord au côté gauche, s'étendit progressivement aux extrémités du côté droit et aux muscles de la face de ce côté. Dès la fin d'octobre 1862, après la première attaque observée à l'hôpital, l'impotence des jambes et la faiblesse au dos prirent une gravité considérable. Le malade, qui jusqu'alors avait pu marcher dans sa chambre, et même avec un soutien, descendre et monter les escaliers, se promener dans le jardin, dut renoncer à tous ces exercices, faute absolument de pouvoir commander à ses muscles. Quand il n'était pas complétement soutenu par-dessous les épaules, il s'affaissait sur lui-même ; mais il pouvait encore se tenir sur son séant, à l'aide d'appuis élevés des deux côtés. Il lui fallut donc, les dernières années, rester confiné dans son lit ou sur sa chaise, se faisant transporter à grande peine de l'un à l'autre. Ses mouvements volontaires de la jambe, jadis possibles dans le lit, étaient peu à peu devenus impossibles, la motilité des extrémités inférieures avait complétement disparu ; on n'y voyait que des secousses convulsives involontaires et des mouvements réflexes. Les mains refusèrent bientôt aussi leur service. Le sentiment d'engourdissement se manifeste en elles, d'abord sur la gauche, puis sur la droite ; écrire devint impossible dès après la première attaque d'octobre 1862. La main put exercer jusqu'à la fin une pression assez forte, mais la volonté avait perdu tout contrôle sur les mouvements de cet organe. Quand le malade voulait saisir un objet, ses mains s'agitaient brusquement et en tous sens dans l'air. Quand on lui mettait l'objet dans la main, les doigts se refermaient dessus presque convulsivement. Aussi le malade ne pouvait manger seul et dut être, pendant deux années, alimenté comme un enfant. La sensibilité des mains n'était guère obscurcie que par une légère sensation d'engourdissement.

La défécation avait toujours été très-difficile ; le malade ne pouvait plus exercer la compression musculaire abdominale d'une part, ni commander au sphincter anal de l'autre. Les moyens employés d'abord pour combattre la constipation durent être, plus tard, absolument abandonnés, parce qu'il arrivait souvent que le lit était alors souillé par des évacuations involontaires. Pendant des années, le malade eut environ deux selles par semaine à l'aide de nombreux clystères, et il lui fallait souvent rester de longues heures sur la chaise percée, pour éviter les accidents dans son lit. Il n'eut jamais de dévoiement spontané. Quand les évacuations restaient trop longtemps sans se faire, le vertige et la congestion cérébrale augmentaient.

L'urination était de même troublée par deux raisons : le sphincter vésical, d'un côté, ne pouvait retenir dans la vessie qu'une petite quantité d'urine; de l'autre, les muscles de la vessie étaient souvent trop faibles pour évacuer l'urine. Il fallait donc que le malade eût constamment un urinoir entre les cuisses, et la faiblesse du sphincter l'emportait sur la faiblesse des muscles vésicaux, au point que l'usage du cathétérisme ne fut jamais nécessaire. On n'a jamais remarqué d'excitation sexuelle, ni de pollutions.

La face perdit peu à peu son expression de vive intelligence ; les muscles participèrent à l'inertie générale et s'affaissèrent des deux côtés. Là, comme partout, la paralysie s'était, avec le temps, développée à peu près également des deux côtés. Par suite de l'abaissement de la lèvre inférieure, il s'était établi un écoulement de salive incessant et fort incommode. La parole, par les progrès de la maladie, était devenue plus difficile et balbutiante, mais devenait plus claire quand il parlait longtemps; la langue tremblait vivement quand il la tirait. Les muscles de la bouche avaient encore assez de force pour concourir à la mastication et retenir sa chère pipe.

La puissance visuelle diminua de très-bonne heure après son entrée à l'hôpital, et s'affaiblit tellement qu'il ne fut plus question de lire; une myopie extrême ne permettait de reconnaître que les gros objets voisins. Les nombreuses explorations faites avec l'ophthalmoscope démontrèrent l'atrophie des deux nerfs optiques. L'ouïe resta intacte jusqu'à la fin.

Les mouvements réflexes morbides étaient très-rapides par toutes les parties du corps; les yeux largement ouverts, roulaient presque sans cesse dans leur orbite, les muscles de la face, surtout quand le malade parlait, exécutaient des mouvements convulsifs répétés. Nous avons parlé des mains plus haut. Les jambes tressaillaient parfois spontanément comme frappées d'un choc électrique, plus rarement, dans leurs mouvements passifs, elles étaient prises de convulsions qui disparaissaient peu à peu par le repos. En 1863, survint en outre un état tétanique douloureux du genou qui en rendait souvent la flexion très-difficile. — Des sensations douloureuses tourmentaient fréquemment le malade ; les anciennes douleurs frontales s'accompagnaient de douleurs à l'occiput et le long de la colonne vertébrale jusqu'au sacrum; les secousses des jambes, de douleurs s'irradiant jusqu'aux orteils. — L'appétit, en dehors des jours qui suivaient l'attaque apoplectiforme était toujours bon. — La respiration fut parfois gênée, surtout au printemps de 1865, par un violent catarrhe bronchique fébrile, qui, combiné avec l'impuissance musculaire du malade, rendait l'expectoration très-difficile, en sorte que parfois survenaient des accès asphyxiques effrayants. La nutrition générale finit, à la longue, par s'altérer, comme il fallait s'y attendre, en raison de l'alitement et du confinement dans la chambre. Le malade devint maigre, anémique, se sentait extraordinairement faible; le sommeil était souvent troublé. Pendant presque un an, il souffrit d'une escharre douloureuse au sacrum, que des soins attentifs maintinrent dans des limites restreintes, ne dépassant jamais les dimensions d'un thaler, et qui se guérissait de temps en temps; dans les premiers temps de son existence, elle se couvrit rapidement d'une croûte gangréneuse, plus tard elle ne montra qu'une surface rouge, ulcérée.

L'intelligence est restée, comme on l'a déjà dit, intacte jusqu'à la mort ; elle ne fut pas plus troublée que cela n'aurait lieu chez tout homme qui, pendant des années, serait limité à la société d'hommes bien inférieurs à lui, à qui la lecture serait interdite et qui devrait supporter, heure par heure, la misère de l'existence la plus triste.

Le 17 *août* 1868, assez tard dans la soirée, sans que dans la journée on eût observé aucun changement notable dans l'état habituel, survint une nouvelle attaque apoplectiforme avec céphalalgie et vertige; la circulation était considérablement accélérée, la respiration pénible.

La nuit se passa dans l'insomnie. Le 18 août, de bonne heure, je trouvai le malade dans un collapsus plus prononcé que jamais après les attaques précédentes. Il ne remuait aucun membre, ne réagissait que faiblement contre les excitations, pouvant à peine ouvrir les yeux, bien que la connaissance ne fût pas entièrement perdue. Pouls à 144, température à 38,5; respiration bruyante, pénible et accélérée. La paralysie des membres était complète; les mouvements réflexes eux-mêmes avaient disparu. La salive coulait sans interruption par dessus la lèvre inférieure affaissée. Le collapsus augmenta sans cesse toute la journée; le malade ne prit rien qu'un peu d'eau. Le soir, l'obscurcissement de l'intelligence allait jusqu'à l'absence de connaissance, la respiration devint rare et râlante, et vers le milieu de la nuit du 18 au 19 août, la mort termina la scène.

Quant au TRAITEMENT suivi par le malade à l'hôpital, on comprend que, d'une façon générale, il ne pouvait être que symptomatique et expectatif, puisque tous les moyens curatifs se montrent impuissants. Dans la première période, l'appétit était bon, et fut maintenu à une diète généreuse; il fallait seulement, surtout la première année, aider la défécation par différents purgatifs (rhubarbe, aloès, etc.); dans les dernières années, on fut obligé, pour les motifs donnés plus haut, de se contenter de lavements. La langueur insurmontable du malade et la difficulté d'uriner furent combattues quelquefois avec succès, par l'usage fréquent de décoctions de quinquina, additionnées, tantôt d'acide sulfurique dilué, tantôt d'élixir d'orange composé; l'action de ces médicaments étant soutenue par l'administration quotidienne de deux verres de vin. — L'*électricité* essayée dans les premiers temps du séjour à l'hôpital, l'emploi longtemps prolongé sur le désir spécial du malade des brosses métalliques électriques, ne donnèrent aucun résultat, comme, il n'est pas besoin de le dire, tous les autres moyens employés de temps à autre pour combattre le mal directement.

L'AUTOPSIE de la moelle et du cerveau, faite par le professeur Rindfleisch, a donné les résultats suivants : la voûte *crânienne* est dure, un peu oblique à droite et en avant, les canaux vasculaires osseux larges, le diploé hypérémié. A l'ouverture du canal vertébral, il s'écoule une grande quantité de liquide cérébro-spinal. La *dure-mère* n'offre rien d'anormal à sa surface externe. Œdème prononcé de la *pie-mère*, lactescente le long des gros troncs vasculaires. La *moelle* présente au renflement lombaire une induration considérable, sensible au toucher, partie blanche, partie grise. Sur la surface de section on voit encore les divisions entre les faisceaux antérieurs, latéraux et postérieurs; mais l'aspect blanc ordinaire de la substance ne se voit plus qu'en quelques endroits; ailleurs elle est grise, vitreuse à la coupe, dure au toucher, très-résistante. La pie-mère ne se laisse pas détacher. Deux pouces plus haut, à trois pouces de la queue de cheval, les *cordons latéraux et postérieurs* ont subi la dégénérescence grise, sauf une mince lisière qui entoure les cornes postérieures, tandis que les cordons *antérieurs* sont relativement indemnes. Un pouce plus haut encore, la dégénérescence grise envahit également tous les faisceaux. Un pouce plus loin, on remarque, dans le *cordon latéral droit*, la réapparition de quelques fibres blanches; deux pouces plus loin encore, le cordon latéral *gauche* est blanc en grande partie. Un pouce au-dessus du renflement cervical, le poussoir des *cordons antérieur et postérieur droit*, est en grande partie blanc, tandis que des taches grises, en forme de coin, s'étendent de la périphérie au centre. Le renflement cervical lui-même n'offre que des points diminués de dégérescence. — La coupe de la *moelle allongée* montre les corps restiformes dégénérés; en outre, une très-grosse tache grise qui entoure, comme une couronne, la fossette médiane. En un endroit, à deux lignes à gauche de cette fossette, il y a une dépression du niveau de la surface. Au *pont de Varole*, on voit, à droite, une grosse tache grise dentelée à niveau déprimé; à gauche, une pareille, plus petite. Le *corps calleux* paraît tacheté de gris, et se coupe difficilement. La substance cérébrale qui entoure les deux *ventricules latéraux* montre en différents points une dégénérescence grise plus ou moins étendue. Cette dégénérescence s'arrête exactement à la substance médullaire; des amas de taches grises sont accumulés sur les limites précises de la substance blanche;

la *voûte à trois piliers* est complétement grise. — Tout le pourtour de la corne postérieure a subi la dégénérescence grise. L'épendyme du *quatrième ventricule* et de l'aqueduc est couvert de nombreuses rides fines. — *Cervelet* sain. — Le *pédoncule cérébral* droit est atteint de dégénérescence grise à un degré plus prononcé que le gauche. Les deux *nerfs optiques* sont complétement dégénérés jusqu'au chiasme ; à partir de là, la dégénérescence est moins fortement accusée. Il n'a malheureusement pas été possible d'étendre l'autopsie aux autres cavités du corps.

Le rapport histologique du professeur Rindfleisch, après examen attentif, démontre que le système cérébro-spinal était atteint en des points très-variés de dégénérescence grise très-marquée, avec induration et légère diminution de volume.

Quant au siége de l'altération, il faut remarquer, qu'à l'exception d'un petit endroit sur le plancher de la fossette médiane, ce sont les parties destinées à conduire l'excitation volontaire qui sont affectées, principalement et même exclusivement. La substance grise est partout indemne, et quand, dans le protocole de l'autopsie, on dit que sur de nombreuses coupes de la moelle la dégénérescence n'avait épargné que quelques points des cordons antérieurs ou latéraux, il va de soi que la substance grise est exceptée. A part une pigmentation rouge-jaunâtre intense, les cellules ganglionnaires n'offrent rien d'anormal. Le processus morbide qui a amené la dégénérescence de la substance conductrice, composée essentiellement de fibres nerveuses et d'un peu de tissu connectif vasculaire, peut être considéré comme une inflammation chronique. Comme dans la cirrhose du foie, il s'est produit ici, peut-être conjointement avec une hypérémie active impossible à démontrer maintenant, une prolifération et une transformation cicatricielle du tissu connectif qui a fait disparaître les éléments fonctionnels essentiels de l'organe. Les différentes phases du poumon se laissent distinguer moins nettement à la moelle que dans le foie, les reins, le testicule, etc. Une prolifération des cellules du tissu connectif des fibres nerveuses (de la névrogie) constitue, avec un épaississement simultané considérable de l'adventice des petits vaisseaux le premier stade de l'affection. Il a été déjà décrit par Rokitansky comme un dépôt de substance grisâtre, semliquide, visqueuse, qui resserre les éléments de la moelle les uns contre les autres. Le premier stade ne se montre nulle part dans le cerveau ni la moelle de notre malade. Plus tard, ce tissu connectif de nouvelle formation se contracte de plus en plus, comme le tissu inodulaire cicatriciel. Les faisceaux nerveux sont alors comprimés et totalement atrophiés. C'est là incontestablement la période clinique la plus importante. Plus les faisceaux nerveux s'atrophient, plus l'influx nerveux éprouve de difficultés à se transmettre du centre aux extrémités et réciproquement, et plus son courant est interrompu. — La coupe de la moelle allongée au voisinage des olives, montre de petits faisceaux nerveux, que l'on peut évaluer approximativement à 6 ou 700 fibres nerveuses. Tout le reste est du tissu connectif, reconnaissable dans la préparation au carmin à des noyaux colorés en rouge vif dans une substance fondamentale incolore. En même temps que cette métamorphose du tissu connectif et que la disposition des éléments nerveux, a lieu une production de corpuscules amyloïdes que l'on trouve en innombrables amas ovoïdes brillants, colorés en bleu par l'iode, surtout dans les cordons postérieurs aux endroits atteints de dégénérescence.

II. ANALYSE DES SYMPTÔMES

Dans la description générale que nous venons de faire des symptômes de la sclérose en plaques disséminées dans ses deux formes, spinale et cérébro-spinale, nous avons vu que cette affection débutait tantôt par un affaiblissement brusque ou progressif des membres inférieurs, tantôt par des phénomènes cérébraux.

Nous trouvons, en effet, dans le premier cas de Valentiner, que le malade éprouva tout à coup de la parésie du mouvement et du sentiment; un autre (deuxième cas de Valentiner) est pris subitement, à la suite d'un refroidissement, au passage d'un ruisseau, de faiblesse dans le membre inférieur droit. Une autre fois, nous notons une perte du mouvement dans le membre inférieur gauche, au point de faire tomber la malade, et la marche devint impossible. Nous trouvons signalé le même phénomène après une chute, une longue course. L'affection, dans un cas, a débuté brusquement encore, consécutivement à une grossesse; enfin une malade en ressentit les premières atteintes dans le cours de la conception.

D'autres fois, les premiers symptômes de la sclérose en plaques sont précédés d'une attaque apoplectiforme, avec ou sans perte de connaissance, d'une hémiplégie passagère, de céphalalgie, de vertiges survenant du jour au lendemain et entravant la progression.

Mais, dans la majorité des cas, l'invasion des symptômes de la sclérose, se fait d'une manière lente et graduelle, s'annonce par un sentiment de pesanteur et d'engourdissement, par des fourmillements, par une faiblesse croissante dans l'un des membres inférieurs ou dans les deux.

Cette parésie peut occuper un seul membre inférieur, le gauche, par exemple, s'étendre au membre supérieur du même côté, il y a alors hémiplégie; ou bien gagner le membre inférieur droit. Mais d'ordinaire, les membres supérieurs sont pris consécutivement. Cet affaiblissement pouvant exister seul est quelquefois précédé ou accompagné de fourmillements à la plante des pieds, aux jambes, d'élancements, d'engourdissement. A ces fourmillements se substitue dans quelques circonstances, un sentiment de fatigue au moindre mouvement. Une malade trouvait ses jambes froides, engourdies, sans jamais y avoir senti de douleurs ni d'élancements. Dans un autre cas, en même temps qu'un sentiment de pesanteur et d'engourdissement dans les membres inférieurs, le malade (le docteur Pennock) ressentait une sensation comparable à celle d'une bande serrée autour de la jambe, dans une étendue de trois ou quatre pouces.

Nous avons vu cette parésie s'accroître peu à peu, progressivement, soit sans rémission, soit avec des moments d'arrêt; au bout d'un temps variable, la marche devient de plus en plus pénible; les malades sont exposés à tomber à la moindre secousse, et quelquefois même, sans qu'un obstacle puisse être considéré comme la cause de cette chute; celle-ci peut être due à un autre ordre de causes : à un état vertigineux, à des troubles de la vue. Nous y reviendrons plus loin. Les malades ont alors besoin d'un appui, d'une canne; ils sont encore capables de se traîner pendant quelque temps, de faire quelques pas en s'appuyant contre les murs, en s'aidant des meubles, d'une chaise qu'ils poussent devant eux. Mais la paralysie finit par devenir complète, et ils sont obligés de garder le lit.

Tremblement. — Nous arrivons à un symptôme qui est d'une importance capitale, car c'est vers lui que convergent tous les autres phénomènes que nous venons de passer en revue : nous voulons parler du *tremblement*. Il imprime à la maladie une allure toute spéciale, et s'il ajoute aux infirmités du malade, en revanche il sert beaucoup à fixer le diagnostic. Nous allons l'étudier dans son époque d'apparition, ses causes, son siége, son intensité, son étendue, sa durée.

a. Époque d'apparition. — Elle est très-variable : dans un cas, le tremblement s'est manifesté trois mois après le début, huit mois dans un autre, quinze mois dans un troisième ; nous l'avons trouvé signalé un et six ans après l'apparition des premiers symptômes. Il est difficile de fixer l'époque précise à laquelle paraît le tremblement, d'une part, parce que, ne se montrant que dans les mouvements d'une certaine étendue, il a pu échapper à l'observation pendant une certaine période, et, d'autre part, parce que l'attention n'avait pas été jusqu'à ce jour suffisamment attirée sur ce point.

b. Causes. — Elles diffèrent beaucoup ; toutefois, disons-le de suite, le caractère fondamental du tremblement dans la sclérose en plaques, est de *n'apparaître jamais à l'état de repos et de ne se montrer qu'au moment où le malade exécute un mouvement voulu ou cherche à l'exécuter.* Ce tremblement n'est donc pas permanent ; s'il est des cas, en effet, où il est facilement perçu en raison de sa grande intensité, il en est d'autres où il est à peine apparent et doit être recherché avec un certain soin. Si, par exemple, le malade est forcé de garder le lit, il faut provoquer les mouvements des membres, l'inviter à faire des mouvements d'une certaine amplitude, — à porter la main à sa tête, à boire, — pour que le phénomène apparaisse dans toute sa netteté. Il en est de même lorsqu'on fait lever le malade ; on constate alors une série d'oscillations caractéristiques, et si la parésie n'est pas encore très-avancée, la progression est possible, mais elle est titubante. De même que nous avons vu plus haut les chutes être dues soit à l'affaiblissement des membres inférieurs, soit aux vertiges et aux troubles de la vue, de même nous pouvons établir ici une semblable distinction et reconnaître pour causes de la titubation, soit les vertiges, soit le tremblement qui agite les membres inférieurs et à lui seul, suffit très-bien à expliquer la marche chancelante. Le malade, en effet, secoué par des oscillations en divers sens, peut à chaque instant perdre l'équilibre et tomber en avant ou en arrière ; l'occlusion des yeux ne paraît pas modifier le phénomène. La titubation peut encore être due aussi en partie aux vertiges qui contribuent singulièrement à modifier la marche ou à la diplopie qui occasionne souvent par elle-même une sorte de vertige.

Le tremblement ne se manifeste pas seulement sous l'influence de mouvements d'une certaine étendue, il se produit encore quand le malade est en proie à une vive émotion, quand on lui adresse une question inattendue, à la présence d'une personne étrangère, du médecin qui l'interroge.

c. *Siége.* — Nous venons de voir le tremblement envahir, soit l'un des membres inférieurs, soit les deux en même temps, et gagner ensuite les membres supérieurs; mais il finit par atteindre aussi la tête, les yeux, la langue.

De même que pour les membres, le tremblement de la tête se manifeste sous l'influence des mouvements, des émotions. Quelquefois même, si l'on ne renouvelle minutieusement l'examen, il passe inaperçu, ou parce qu'il est temporaire, ou bien parce que certaines conditions nécessaires pour en constater la réalité, ont été négligées. C'est ainsi que chez quelques malades on ne le découvre que lorsque la malade, étant assise, on lui ordonne de faire le simulacre de boire. A un degré plus prononcé, on voit la tête trembler sitôt qu'elle abandonne l'oreiller. Lorsqu'on faisait asseoir la malade Carpentier, la tête était agitée d'un tremblement qui s'accroissait encore quand on lui faisait porter un objet quelconque à la bouche. (Obs. V, page 52.)

Le *globe oculaire* est agité de mouvements oscillatoires assez prononcés pour rendre impossible la lecture, pour empêcher l'examen ophthalmoscopique ; ce *nystagmus* généralement est binoloculaire ; dans un cas pourtant, nous l'avons trouvé mono-oculaire.

La *langue* sortie de la bouche est agitée aussi de petits mouvements (1); par suite la *parole* offre-t-elle certaines particularités, il y a de la lenteur, de la difficulté dans l'articulation des mots ; plus tard les troubles deviennent plus accentués, il y a du *bégaiement* et la parole devient de plus en plus inintelligible.

d. Intensité. — Quelquefois très-considérable, le tremblement est, par contre, si peu intense qu'au début il a été méconnu; nous avons noté ce fait plus haut; le plus souvent, il est modéré, composé de petites secousses rhythmiques, ne modifiant pas le mouvement général du membre, mais modifiant seulement le temps pendant lequel il s'accomplit.

(1) Ces mouvements ne sont en rien comparables aux mouvements fibrillaires que l'on observe dans l'atrophie musculaire progressive.

e. Étendue. — Dans quelques cas le tremblement est général, mais le plus communément il se borne aux parties du corps qui entrent en jeu, par exemple, aux bras quand le malade veut saisir un objet, — aux jambes quand il les soulève ou veut marcher, — à la tête quand celle-ci n'est plus soutenue. Le nystagmus, lorsque le malade s'anime, ou veut fixer un objet, devient encore plus apparent.

f. Durée. — Elle est très-variable : le tremblement s'efface aux périodes ultimes, quand les membres sont devenus à peu près immobiles par suite des contractures. — Dans l'observation de Zenker, bien que recueillie à une époque où les connaissances cliniques sur la sclérose en plaques disséminées étaient encore très-obscures, on trouve notés des détails importants sur le tremblement, sur la déambulation.

OBSERVATION XI.

SCLÉROSE EN PLAQUES DISSÉMINÉES (FORME CÉRÉBRO-SPINALE)

Accès gastralgiques. — Faiblesse et tremblement dans les pieds et dans les mains, puis à la tête. — Troubles de la parole. — Strychnine ; amélioration. — Paraplégie à droite ; à gauche ptosis. — Eschares. — Mort. — Nombreux îlots scléreux. (W. ZENKER *Zeitschrift für medizin*, Band III. Reihe. 1865. p. 228.)

Dorette Eike, 30 ans, admise à la Clinique le 5 novembre 1863 (service de Hasse), morte le 12 mai 1864. — *Mère* morte à 28 ans, phthisique ; *père* ivrogne, mort paralysé avec eschares ; — trois frères, deux morts, l'un phthisique, l'autre apoplectique. Réglée à 16 ans.

La maladie date de quatre ans, c'est-à-dire qu'elle a débuté à 26 ans. D... fut prise alors, sans cause connue, de crampes d'estomac tellement violentes qu'elle eut une syncope d'une demi-heure. Cette attaque se répéta six semaines après, et par la suite, plusieurs fois encore à divers intervalles. Depuis un an, a quelques difficultés à uriner.

Aussitôt après la première attaque gastralgique, la malade éprouva de la *faiblesse* et du *tremblement* dans les pieds et dans les mains, phénomènes qui s'aggravèrent progressivement. — Un an après, il s'y joignit un *tremblement* de la *tête* qui ne dura que quelques mois.

Au début de sa maladie, elle éprouva, pendant un an environ, une telle faiblesse des yeux qu'elle ne pouvait plus bien voir. Dans ses occupations, elle était empêchée par l'oscillation et l'incertitude de sa marche ; néanmoins, elle a pu encore continuer à travailler à l'aiguille et au tricot, quoique moins bien qu'auparavant. Le tremblement des mains la gêne quand elle écrit. — Elle n'a ni douleurs, ni sensations anormales, à part la douleur d'estomac déjà indiquée.

État actuel à l'entrée. — Femme petite, maigre ; tête peu développée, muscles flasques. Pas de troubles psychiques, mais en général intelligence médiocre. Le phénomène dominant, c'est la faiblesse des membres tant inférieurs que supérieurs, surtout du côté gauche, et d'un autre côté, le *tremblement qui cesse quand la malade dort ou reste immobile; reparaît, à toute tentative de mouvement*, dans le membre correspondant. La tête, les extrémités inférieures et supérieures sont alors le siége d'une agitation, d'une trémulation, d'un tremblement qui paraissent absolument soustraits à l'influence de la volonté. — Par suite, la marche est incertaine, très-irrégulière et vacillante : la malade a grand'peine à se mettre debout, et alors tout son corps oscille de cà et de là, en sorte qu'il lui faut bientôt chercher un point d'appui pour ne pas s'affaisser ; elle ne peut que difficilement coudre et écrire.

La *parole* est un peu affectée : il y a un peu de bégaiement et quelques mouvements de mastication. — Les muscles se contractent sous l'influence de l'électricité. — *Sensibilité* et actions réflexes normales. — Appétit modéré, constipation.

Amendement sous l'influence de la *strychnine* : au bout de deux mois, la malade pouvait se tenir debout, sans appui. Les tremblements avaient aussi disparu. — Dans le courant de l'hiver, attaques cardialgiques qui interrompent l'amendement : les règles cessent de paraître à la suite des attaques cardialgiques; la maladie empire.

6 *mars* 1864. Etat de stupeur, pouls 136. T. 39°,6 C.. Céphalalgie occipitale. En même temps, le côté droit du corps paraît complètement paralysé, le côté correspondant de la face est plus flasque; la commissure labiale droite est affaissée; la pointe de la langue tirée à gauche. Déglutition difficile. A gauche ptosis; les mouvements des membres sont parfaitement conservés ; il en est de même de la sensibilité et des mouvements réflexes dans les membres naguère paralysés. La malade gâte. — Douleurs cervicales à la percussion de la deuxième à la quatrième cervicale.

7 *mars*. — Le lendemain, paralysie du membre inférieur gauche; le membre supérieur gauche est devenu plus faible, mais la main pouvait encore être ouverte ou fermée. La sensibilité est perdue dans les membres paralysés, et les mouvements réflexes sont presque abolis. Le soir, T. 40°. Cependant, il y a amendement dans la paralysie. — Quelques vomissements de matière verte.

8 *mars*. — Grand amendement. Mais la paralysie des membres inférieurs est complète, avec insensibilité et diminution des actes réflexes. Les membres supérieurs, au contraire, ont récupéré à peu près leurs mouvements. Le ptosis persiste à gauche ; à droite, la pupille est large et peu mobile. — La parole devient plus difficile, la déglutition meilleure; les douleurs occipitales ont cessé. —Le soir, le ptosis avait disparu.

Les jours suivants, fièvre le soir, rémission le matin. Les membres inférieurs demeurent paralysés. Le ptosis reparaît et disparaît. La pupille droite reste dilatée.

7 *avril*. — Œdème des membres inférieurs. — Vers cette époque, *gangrène* par décubitus aux trochanters, qui s'étend jusqu'aux os, au sacrum. Affaissement graduel.

11 *mai*. — Vers 10 heures du soir, tout à coup, coma profond

et cyanose. Collapsus : mort. —(Le *diagnostic* a été: *paralysie agitante et paraplégie.*)

Autopsie. — *Eschares* très-profondes. — Rien de remarquable aux *poumons*, si ce n'est de l'œdème, et une petite caverne à droite. — *Cœur* petit. — *Calculs biliaires;* rien aux reins et à la vessie.

Tête : beaucoup de sérosité dans les méninges; un peu de pachyméningite ancienne. — *Cerveau* sain, si ce n'est que, sur diverses sections, la substance médullaire ferme et solide, présente de petites et de grandes collections de *points sclérosés* dont la grosseur est variable, dans toutes les parties du cerveau où déjà cette *induration localisée* de la substance médullaire s'était manifestée à la pression des doigts et par la résistance qu'éprouvait le couteau. Cette sclérose partielle forme des *îlots circonscrits, polygonaux, irréguliers*, ayant la consistance lardacée, difficile à briser, du volume d'un haricot, d'un pois, de couleur gris-sale à la coupe. Les deux hémisphères présentent de ces îlots en divers points. L'épendyme, dans les deux ventricules latéraux, plus à droite qu'à gauche, est épaissi et dur, sclérosé. La corne d'Ammon, les corps striés, ont pris, par suite de cette dégénérescence, une apparence jaspée. On trouve affectés de la même manière et à un notable degré, la voûte à trois piliers, et les corps frangés, les pédoncules du conarium, la commissure molle, et l'épendyme de l'aqueduc de Sylvius.

Rien au *cervelet.* La *protubérance* présente à la partie inférieure de nombreux *points* de sclérose. Il en est de même des *pédoncules* moyens du cervelet, de la *moelle allongée* et de l'*épendyme du quatrième ventricule.*

Moelle : indurée dans son ensemble, surtout à la région cervicale, où de fines sections montrent cette particularité que les cornes postérieures ont un aspect sale et grisâtre, et paraissent agrandies par suite de l'affection des parties voisines ; les cordons latéraux se montrent généralement assez pauvres en substance médullaire.

Cet état diminue par en bas, si bien qu'à la région lombaire, il n'y a rien d'anormal.

Examen microscopique du cerveau et de la moelle, par Krause.

— Cerveau : 1° à l'état frais : *a.* Nombreuses fibrilles de tissu conjonctif, avec de nombreux noyaux ; — *b.* pas de traces d'éléments nerveux ; *c.* corpuscules amylacés nombreux avec la réaction spéciale par l'iode et l'acide sulfurique.

2° Préparations dans *l'acide chromique.* On découvre sur des coupes minces du tissu conjonctif composé de fibrilles, formant un réseau ; les fibrilles avaient une direction parallèle, ce qui est contraire à l'idée d'une coagulation par les réactifs. Sur les coupes un peu épaisses, on n'observe qu'une apparence de masse finement grenue, ce qui tient à ce que, par la coupe, beaucoup de fibres ont été coupées obliquement ou perpendiculairement. — Sur les préparations avec l'alcool, les mêmes fibres étaient visibles, elles avaient disparu par l'acide acétique.

3° Sur les préparations par *l'alcool*, on retrouvait les corps amylacés ; par l'acide chromique, ils disparaissent.

4° Par l'acide chromique, on trouve des noyaux ovalaires, très-nombreux. Il n'y a ni membranes, ni prolongements de membranes, du moins avec certitude, bien que sur des préparations, avec le carmin, les apparences de cellules fusiformes ou stellaires fussent très-nettes. Cette apparence tenait souvent à ce que les noyaux siégeaient dans les points d'entrecroisement des fibrilles.

Les vaisseaux ont des noyaux très-nombreux sur les parois ; les capillaires ont subi la dégénération graisseuse.

Moelle : faits analogues dans la moelle.

Sensibilité — D'une façon générale, on peut dire que la sensibilité au *contact*, au *chatouillement*, à la *douleur* et à la *température* est conservée. Peut-être même y aurait-il plutôt, dans quelques cas, une exaltation, minime il est vrai, de la sensibilité. (Obs. IV, page 32.)

Dans une seule observation, celle qui a été rapportée par Lud. Leo, on trouve que la notion de position des membres est perdue, mais le froid, le chaud, la douleur sont encore perçus. On note parfois des sensations spéciales : ainsi une malade de M. Vulpian se plaignait d'éprouver dans la peau qui recouvre les membres, une chaleur intense. Une fois nous trouvons de l'analgésie : chez la malade Carpentier morte dans le service de M. Charcot, le pincement, la piqûre ne déterminaient aucune douleur aux membres inférieurs. Clara B... avait de l'anesthésie (tact) par places, avec retard de la perception (H. Liouville, *Société de Biologie*).

La *sensibilité spéciale* était intacte chez beaucoup de malades; chez d'autres, on a signalé diverses modifications. Nolle (Leo, *loc. cit.*) avait la *vue* tellement affaiblie qu'il ne pouvait plus lire, et à l'ophthalmoscope, on constatait une atrophie des nerfs optiques; une malade (Obs. XIII, page 124) avait une paralysie incomplète du nerf moteur oculaire externe gauche, du strabisme interne et de la diplopie ; mais dans ce cas, ces troubles, difficiles à expliquer par la nature et le siége des lésions, étaient sans doute en rapport avec une attaque d'hémiplégie droite dont la malade avait été frappée. Chez une autre (Ordenstein, Obs. I) la vue était affaiblie et il y avait du nystagmus ; ce dernier phénomène s'observait chez la malade Vinchon qui fait le sujet de l'observation XIV. Carpentier avait éprouvé à l'origine un affaiblissement de la vue, de la photophobie, et à la fin de son existence, bien qu'elle vît les objets, les personnes, elle était incapable de distinguer les contours, les traits du visage; en outre, elle avait souvent des éclairs devant les yeux. Dans les deux cas de MM. Vulpian et Liouville, les malades avaient du nystagmus; de plus, l'une avait de l'affaiblissement de la vue, et l'autre de la diplopie. De tous les phénomènes oculaires, le plus commun et le plus important c'est le *nystagmus*. Dans la plupart des cas relatifs à la forme cérébro-spinale, on le trouve noté, et son absence, dans les autres, a probablement pour cause un défaut d'attention des observateurs.

Les perversions de l'*ouïe*, de l'*odorat*, et du *goût*, paraissent très-rares. Toutefois dans une note que nous a communiquée M. H. Liouville, nous voyons que dans deux cas recueillis en 1868, à la Salpêtrière, dans le service de M. Vulpian on a observé pendant la vie des altérations de l'olfaction, et à l'autopsie, on trouva des plaques scléreuses sur les nerfs olfactifs.

Contracture. — La contracture est un phénomène qui survient de bonne heure ou tardivement; elle occupe communément les membres affectés les premiers de paralysie, c'est-à-dire les membres inférieurs, puis les supérieurs; dans plusieurs cas, elle s'est emparée des muscles du tronc, des reins, des mâchoires, des joues; partielle d'abord, elle peut donc devenir générale. Cette contracture amène une attitude particulière des membres; le plus souvent, c'est l'extension qui prédomine dans les membres supérieurs et inférieurs; plus tard, néanmoins la flexion succède à l'extension.

Examinons les *membres supérieurs :* les doigts sont fléchis; l'extension est impossible. L'avant-bras est tantôt fléchi, tantôt étendu sur le bras; d'autres fois tout mouvement spontané opposé à celui de l'attitude est impossible, par exemple, l'extension, si le bras est fléchi (Obs. VII, p. 66).

Relativement aux *membres inférieurs*, nous trouvons les renseignements suivants : membres étendus ; pieds fléchis à angle obtus ; parfois quelques mouvements spontanés de flexion des pieds sur les jambes, de celles-ci sur les cuisses (Vulpian, Obs. VII). Les deux membres sont dans l'extension permanente ; les genoux rapprochés ; la flexion est difficile.

Chez Alexandrine (Obs. XIX), les membres inférieurs étaient dans une extension générale, les pieds étendus sur les jambes et ne faisant qu'une ligne avec celles-ci, quand on les soulève, on les enlève tout d'une pièce. On éprouve de la difficulté à fléchir le genou.

La contracture est souvent un phénomène tardif ; aussi la rencontre-t-on toujours quand la maladie fait son évolution complète ; quelquefois cependant on l'a vue apparaître à une époque plus rapprochée du début, et cela dans les cas où la parésie, faisant suite à la faiblesse, se changeait très-vite en paralysie complète.

Dansla majorité des faits qui figurent dans ce travail on trouve des détails sur la manière dont la *contracture* survient et sur les caractères qu'elle présente. En comparant les symptômes aux lésions, on verra aussi que l'anatomie pathologique fournit des explications tout à fait satisfaisantes. Les deux observations qui suivent, en particulier, sont curieuses sous ce rapport. Dans l'une (Obs. XII) il y avait une contracture du *membre supérieur droit* et des deux *membres supérieurs*. Or, à l'examen nécroscopique on découvrit une bande grisâtre, formée évidemment par une sclérose du *faisceau antéro-latéral droit*, commençant au-dessous de l'olive, descendant jusqu'à l'extrémité supérieure du renflement brachial et mesurant quatre centimètres de hauteur. La relation entre les symptômes et les lésions était donc complète.

L'autre observation (XIII) n'est pas moins intéressante. Le *bras gauche*, y est-il dit, offre de la contracture; le droit peut exécuter tous les mouvements, mais il est très-faible. Eh bien! l'autopsie démontre que, au milieu du renflement cervico-brachial, les deux cordons antérieurs et le *cordon latéral gauche* ont subi la transformation scléreuse. Enfin, à la partie inférieure du renflement brachial, l'altération prédominait encore dans le cordon latéral gauche.

OBSERVATION XII

SCLÉROSE EN PLAQUES DISSÉMINÉES (FORME CÉRÉBRO-SPINALE)

Début de la maladie par des douleurs dans les membres. — Affaiblissement progressif. — Contracture des membres inférieurs et du membre supérieur gauche. — Sclérose de la moelle épinière en plaques disséminées (obs. communiquée par M. CHARCOT.) (1).

R..., 46 ans, pianiste, admise à la Salpêtrière le 8 octobre 1863, entre à la salle Sainte-Rosalie, numéro 11 (service de M. Charcot) le 19 octobre 1863. On n'a pas pu prendre son observation d'une façon très-complète. Elle a eu peut-être autrefois des accidents syphilitiques. — La maladie actuelle a débuté il y a quatre ans par des douleurs que cette femme désigne sous le nom de rhumatismales et qu'elle attribue à son séjour dans des maisons humides en Amérique; les jointures toutefois n'auraient pas été gonflées, et ses douleurs consistaient surtout en des élancements dans les jambes et les cuisses. Il y a un an environ que les jambes ont commencé à

(1) Obs. II du Mémoire de M. Vulpian.

s'affaiblir. Depuis deux mois seulement, la malade ne peut plus s'asseoir sur son lit.

Au moment où on l'examine, la malade se tient couchée, la tête appuyée sur son oreiller; et lorsqu'elle n'est pas bien soutenue, la tête retombe sur le côté de l'oreiller. Elle ne peut pas s'asseoir sur son lit, à cause de la faiblesse de ses reins, dit-elle. Lorsqu'on la place dans l'attitude assise, il lui est extrêment difficile de garder quelques moments cette attitude. Elle est comme en équilibre instable, et elle a de même de la peine à tenir sa tête dressée. — Incontinence de l'urine et des matières fécales. — Lorsqu'elle est couchée, les jambes sont fléchies sur les cuisses, les genoux sont ainsi élevés et rapprochés l'un de l'autre. Elle peut faire encore quelques mouvements spontanés des pieds, mais ces mouvements sont très-faibles. — Le bras gauche offre de la contracture. — Le bras droit peut exécuter presque tous les mouvements, mais il est très-faible. — La sensibilité est conservée dans les jambes et dans les cuisses. — Cette femme meurt le 3 janvier 1864.

Autopsie. — *Examen de la moelle épinière :* hypérémie des portions inférieures de la pie-mère rachidienne. — Plaques d'aspect cartilagineux dans le feuillet viscéral de l'arachnoïde. — Teinte grisâtre, demi-transparente, disséminée en traînées le long des cordons antéro-latéraux, s'étendant sur les cordons postérieurs dans une étendue longitudinale de cinq centimètres, vers le milieu de la région dorsale.

A la coupe, on trouve, au milieu du renflement cervico-brachial que les deux cordons antérieurs et le cordon latéral gauche ont subi la transformation scléreuse. — A la partie inférieure du renflement cervical, les deux cordons antérieurs sont sains; les deux cordons latéraux et le cordon postérieur droit ont une teinte scléreuse prononcée, mais qui l'est plus dans le cordon latéral gauche que dans celui du côté droit. — A la réunion du tiers supérieur avec le tiers moyen de la région dorsale, les deux cordons antérieurs sont sains; les deux cordons latéraux sont seuls altérés. — A trois centimètres au-dessous de ce niveau, une coupe transversale de la moelle montre qu'elle est entièrement saine. — A la partie supérieure du renflement dorso-lombaire, les deux cordons latéraux sont scléreux. — Le reste de la coupe a l'aspect normal. — Vers le milieu du renflement dorso-lombaire la moelle est entièrement saine. — L'*encéphale* et les viscères thoraciques et abdominaux n'ont présenté aucune lésion notable.

OBSERVATION XIII

SCLÉROSE EN PLAQUES DISSÉMINÉES (FORME CÉRÉBRO-SPINALE)

Début par une attaque apoplectique suivie d'hémiplégie du côté droit. — Deuxième attaque trois ans après; commencement de contracture dane les membres du côté droit à la suite de cette attaque. — Troisième attaque d'apoplexie après un intervalle de deux ans. Roideur considérable du membre supérieur droit et des deux membres inférieurs. — Atrophie superficielle, en taches isolées, grisâtres, de la protubérance annulaire, sclérose de la pyramide antérieure gauche. — Plaque très-étendue de sclérose du cordon latéral du côté droit dans la région cervicale (obs. communiquée par M. CHARCOT) (1).

X..., âgée de 43 ans, entre à l'infirmerie de la Salpêtrière, le 29 janvier 1859. Cette femme a un tempérament lymphatico-nerveux. Réglée à 15 ans, elle l'a été régulièrement jusqu'en 1856, année de la maladie actuelle. Son *père* est mort par suite de lésions traumatiques. Sa *mère* est morte de phthisie. Pas d'accidents syphilitiques dans ses antécédents. — Elle a toujours été très-nerveuse, très-impressionnable : névralgies faciales fréquentes; souvent elle a eu des douleurs vagues ; — elle a eu des hémorrhoïdes. La menstruation n'a jamais été douloureuse si ce n'est cependant lors de la première éruption des règles : à cette époque, elle a été incommodée pendant plusieurs années.

En 1855, elle aurait eu une maladie du foie : traitement par les purgatifs et les alcalins. L'hiver suivant, il n'y avait plus trace de sa

(1) Obs. III du Mémoire de M. Vulpian.

maladie du foie. Seulement elle avait de la faiblesse dans les membres inférieurs. Au printemps de 1856, cette femme éprouve des étourdissements, des vertiges, d'abord rares, puis revenant cinq ou six fois par jour. Quelquefois ces étourdissements sont suivis de chutes, sans perte de connaissance, sans mouvements convulsifs. Le 14 mai 1856, elle se couche, étant à peu près dans son état ordinaire; pendant la nuit, elle se réveille en sursaut; elle est prise de vomissements abondants; elle ressent un engourdissement de tout le côté droit et des crampes dans les jambes. Elle se lève, descend de son lit, y remonte avec peine, meut encore à ce moment ses quatre membres. Elle se rendort, et le matin elle se réveille brisée, courbattue, et atteinte d'une hémiplégie complète du côté droit. La bouche était déviée à gauche. Quinze jours après, le mouvement était à peu près revenu dans le bras. Le membre inférieur seul restait paralysé. La sensibilité n'avait pas été abolie.

En 1859, seconde attaque d'hémiplégie. Cette fois, la parole est perdue pendant quinze jours. A la suite de cette attaque se produit peu à peu une contracture des muscles fléchisseurs des doigts et de l'avant-bras du côté droit. — En décembre 1861, troisième attaque précédée pendant quelques jours de douleurs vives dans le jarret et le talon du membre inférieur gauche. Dans l'intervalle des deux attaques, la malade n'aurait pas recouvré la possibilité de marcher.

En 1862, M. Charcot prend la direction du service, le 1er janvier, et il trouve cette femme dans l'état suivant : La malade est couchée, ne se lève plus depuis longtemps, et elle peut même à peine se mouvoir dans son lit. Les téguments sont pâles; il y a de l'amaigrissement; les facultés sont intactes. Le membre supérieur du côté droit est à peu près privé complétement de mouvements spontanés. Roideur générale, avant-bras légèrement fléchi. L'extension ne peut être obtenue qu'en employant une assez grande force. Il y a aussi de la raideur dans l'articulation de l'épaule et dans le poignet. Quant aux doigts, ils sont fortement fléchis. Le pouce seul reste libre. La flexion des doigts et de la main peut encore être vaincue, mais il faut agir avec une certaine force, et ces tentatives provoquent de la douleur. — Les deux membres inférieurs sont dans l'extension permanente. On ne peut fléchir les membres que par un effort assez énergique. La malade peut les écarter un peu l'un de l'autre sur son lit, mais avec beaucoup de difficulté. La sensibilité est conservée partout. En chatouillant la plante des pieds, on produit quelques mouvements réflexes et la malade a bien conscience de ces mouvements. — Il y a une *paralysie* incomplète du *moteur oculaire externe gauche*, déterminant un strabisme interne et une diplopie bien manifeste. La malade éprouve des élancements dans la tête, surtout à gauche. — Rien dans les autres parties du corps.

22 *janvier*. Elle se plaint beaucoup de douleurs de reins et de maux de tête. Peau un peu chaude, 84 pulsations par minute. Hémorrhoïdes douloureuses.

28 *janvier*. Ces derniers jours, souffrances dans les mâchoires et dans les joues, la malade n'a pas pu dormir pendant la nuit précédente.

30 *janvier*. Douleurs violentes dans les membres contracturés et dans les reins (seigle ergoté, 0,gr.20, et sous-carbonate de fer 0,gr.15).

1er *février*. Les douleurs ont encore augmenté. Tiraillements et engourdissements dans les membres.

2 *février*. La contracture paraît être plus forte que la veille; on supprime le seigle ergoté.

4 *février*. Douleurs très-pénibles; céphalalgie très-intense. La langue s'embarrasse. (Extrait thébaïque, 0,gr.08.)

5 *février*. Déviation très-marquée de la bouche, à droite, avec grimace permanente. La malade ne parle plus et comprend à peine ce qu'on lui dit (vésicatoire à la nuque). — 6 *février*. Même état.

7 *février*. Agonie. — La mort a lieu le 8 février à 9 heures du matin, après une agonie de 24 heures.

AUTOPSIE le 9 *février*. — Les *viscères* des cavités abdominale et thoracique ont été examinés avec soin; il n'y avait aucune lésion notable. Pas de tubercules dans les poumons.

Centres nerveux. 1° *Protubérance annulaire*. Sur la face antérieure, on trouve, à 5 millimètres du sillon médian, et à gauche de ce sillon, à égale distance environ du bord antérieur et du bord postérieur de cette partie des centres, une tache d'un gris-cendré, arrondie, d'un demi-centimètre de diamètre, ayant à peu près l'aspect de la substance grise cérébrale, mais un peu plus foncée. Une deuxième tache grise se voit au-dessus de la précédente et du même côté. Elle est située juste au-dessous du sillon de séparation de la protubérance et du bulbe rachidien, et elle s'enfonce dans ce sillon. Elle a environ un centimètre de hauteur et deux centimètres de largeur. Elle dépasse un peu la ligne médiane en s'étendant sur la moitié droite de la protubérance ; mais la teinte est très-affaiblie. Il faut une certaine attention pour la distinguer. Enfin, sur le pédoncule cérébelleux moyen du côté droit, il y a une troisième tache formée par la substance molle, grise, demi-transparente, substance qui fait une légère saillie à la surface du pédoncule.

2° *Bulbe rachidien.* Entre l'olive du côté gauche et le sillon antérieur on retrouve la même teinte grise, limitée exactement à la pyramide antérieure de ce côté, et le suivant dans toute sa longueur. La pyramide gauche est transformée, paraît plus étroite que l'autre, et l'altération passe sans interruption de la pyramide à la partie inférieure de la protubérance où nous avons indiqué une teinte grise assez étendue. Le *nerf moteur oculaire externe* émerge de ces parties altérées ; on ne l'a d'ailleurs point examiné d'une façon attentive.

3° *Moelle épinière ; région cervicale.* L'altération de la pyramide du côté gauche se termine en pointe par en bas, au niveau de l'entrecroisement. A droite, au dessous de l'olive, sur le prolongement de son bord externe, se montre une bande étroite de tissu grisâtre, qui remonte même un peu en dehors de l'olive, et qui, par en bas, descend verticalement, en s'élargissant progressivement, mais sans arriver jusqu'au sillon médian antérieur dont elle reste séparée par un intervalle de plus d'un millimètre, dans le point où elle s'en approche le plus. Cette bande grisâtre, formée évidemment par une sclérose du faisceau antéro-latéral de la moelle, s'étend jusqu'au commencement du renflement brachial, et se termine là en pointe. Elle mesure environ 4 centimètres de haut en bas. En arrière, elle s'étend dans un point, quoique jusqu'au sillon médian postérieur ;

partout ailleurs, elle n'atteint même pas le cordon postérieur correspondant. Le tissu, ainsi altéré, est gris-cendré, demi-transparent, un peu mollasse, d'aspect gélatineux. La couleur, assez foncée, tranche nettement sur les parties blanches limitrophes de la moelle.

Les coupes faites au niveau des parties altérées montrent que l'altération qui produit les taches grisâtres de la protubérance est très-superficielle ; elle n'a guère plus d'un millimètre d'épaisseur. — La *pyramide antérieure gauche* est atteinte dans toute sa profondeur. — Dans le point où l'altération de la région cervicale est le plus étendue, elle atteint presque en profondeur le bord externe de la substance grise. Il semble même que, dans ce point, la substance grise ait été un peu refoulée de dehors en dedans vers la ligne médiane. — Les autres parties de la moelle épinière sont tout à fait saines. Il y avait seulement quelques petites plaques fibreuses, adhérentes soit à l'un, soit à l'autre des feuillets de l'*arachnoïde*.—Le *cerveau* est tout à fait normal.

On a examiné, à l'aide du microscope, le tissu altéré de la région cervicale de la moelle. Les fibres nerveuses ont disparu ; on ne trouve plus qu'une substance amorphe, finement granuleuse, parsemée de noyaux dont la plupart sont allongés. On trouve aussi quelques éléments fusiformes et des corpuscules amyloïdes. A ce niveau, la substance grise paraît aussi normale que dans les autres points de la moelle ; les cellules nerveuses n'ont subi aucune modification appréciable.

Rigidité. — Les accès de roideur spasmodique consistent dans l'impossibilité de mouvoir un membre dans un certain sens, durant quelque temps, tandis qu'à un autre moment ces mêmes mouvements sont plus ou moins libres. La rigidité, par exemple, s'empare de la jambe et la tient dans une extension complète, impossible à vaincre pendant plusieurs heures et même plusieurs jours.

Chez la femme Baudoin, on remarquait de la roideur dans les membres inférieurs qui étaient dans l'adduction; la motilité était complètement abolie; il y avait également de la roideur dans les membres supérieurs; cette roideur n'était pas constante; constatée peu après l'entrée de la malade, elle disparut; au bout de quelques jours les membres redevinrent flasques. Un mois après, les membres inférieurs étaient de nouveau roides et fléchis, et quand on essayait d'allonger la jambe, celle-ci ne tardait pas à reprendre son attitude première, c'est-à-dire la flexion, etc.

Accès convulsifs. — Ces accès se montrent habituellement dans les membres inférieurs, plus rarement dans les supérieurs. Ces spasmes tétaniques (*épilepsie spinale*) sont spontanés ou provoqués. Ils revêtent deux formes : *a.* La *forme clonique* est composée de mouvements alternatifs de flexion et d'extension, d'adduction et d'abduction de tous les membres, qui surviennent soit spontanément, soit sous l'influence du froid, durent un certain temps, puis cessent ; — *b.* La *forme tonique*, plus fréquente que la première, consiste en de petites secousses convulsives, tétaniformes, avec rigidité plus marquée des membres, se rapprochant des convulsions strychniques. C'est cette deuxième forme qu'on observe dans la sclérose en plaques disséminées, et c'est à elle que la dénomination d'*épilepsie spinale* est le mieux appropriée; il ne faut pas la confondre avec le *tremblement* qui se montre exclusivement dans les mouvements.

Ces spasmes tétaniques surviennent 1° spontanément :

découvrir le malade suffit parfois pour les produire; 2° sous l'influence de certaines excitations : ils éclatent dès que l'on serre énergiquement la jambe, que l'on fléchit le pied sur la jambe ; les membres sont alors agités de secousses quelquefois très-douloureuses qui disparaissent après une durée variable (1).

Chez trois malades du service de M. Charcot, cette trémulation survenait lorsqu'on découvrait brusquement la malade, lorsqu'on saisissait fortement l'un des membres, ou quand on chatouillait la plante des pieds. Cette trémulation composée d'une série de petites secousses tétaniformes, signalée aussi chez les femmes qui font le sujet des observations VII et X, reste limitée au membre excité, mais quelquefois elle se généralise quand elle est déterminée par le contact de l'air froid, par l'enlèvement brusque des couvertures.

M. Brown-Sequard, à qui l'on doit cette dénomination, *épilepsie spinale*, pour désigner ces sortes de convulsions, a indiqué un moyen de les faire cesser : c'est la flexion brusque du pied. — On rencontre ces convulsions, bien qu'à un moindre degré, dans les membres supérieurs. — L'étude symptomatologique qui précède présente encore des *desiderata*. Cela se conçoit sans peine, car les observations détaillées sont assez rares et celles que nous possédons ne répondent probablement pas à toutes les variétés de la sclérose en plaques. Néanmoins, avec les connaissances actuelles que, grâce aux conseils et à

(1) Voir, pour plus de détails, le travail de notre ami P. Dubois, intitulé : *Étude sur quelques points de l'ataxie locomotrice*, 1868, page 72.

la direction de M. Charcot nous avons pu réunir et grouper, il est possible à l'heure qu'il est de poser nettement le diagnostic. — L'observation XIV, l'une des plus complètes que nous ayons, mérite de fixer l'attention du lecteur qui pourra y suivre l'évolution des symptômes de la sclérose en plaques.

OBSERVATION XIV.

SCLÉROSE EN PLAQUES DISSÉMINÉES (FORME CÉRÉBRO-SPINALE.)

Début par des étourdissements et de forts maux de tête. — Quelque temps après, incertitude dans la marche. — Symptômes d'hystérie. — Tremblement, faisant défaut à l'état de repos, mais se manifestant au moindre mouvement. — Tendance à tomber en arrière. — Embarras de la parole. — Pas de contracture permanente, ni d'accès de roideur spasmodique. — Tremblement de la tête. — Troubles de la vue. — Tubercules pulmonaires. — Mort. — Autopsie : nombreuses plaques de sclérose (moelle, cerveau). (Communiquée par M. CHARCOT.)

Adélaïde Vinchon, célibataire, trente ans, sans profession, née dans le département du Nord, entrée à l'infirmerie de la Salpêtrière, salle Saint-Luc, 6, le 16 octobre 1867.

(Thèse de M. Ordenstein.) Elle n'a jamais connu de maladie à son père ; sa mère est morte à 27 ans, d'une affection de poitrine ; a encore un frère de 34 ans et une sœur de 33 ans qui se portent parfaitement bien. Réglée à 13 ans, elle l'a toujours été régulièrement. La malade dit avoir eu des maux de tête, des migraines, mais en ajoutant : « Cela n'a pas été plus fort que chez d'autres femmes. »

C'est en février 1859, le lendemain du mardi gras, sans qu'aucune cause directe ait immédiatement précédé, qu'elle a éprouvé les premiers symptômes de sa maladie sous forme d'étourdissements et de forts maux de tête. Elle prenait des bains de pieds, et un médecin consulté, environ un mois après, fit une saignée, le tout sans rien changer à son état.

Dans le courant de l'année, d'autres symptômes s'ajoutaient : c'était de l'incertitude dans la marche, qui ressemblait à celle d'un individu en ivresse, de la difficulté dans l'articulation des paroles, la boule hystérique, et au mois d'octobre elle voyait survenir un tremblement dans la tête et le bras gauche.

Le 19 novembre, la malade entre à l'Hôtel-Dieu où elle passe dix mois ; plus tard elle est admise à l'hôpital Saint-Antoine, après à la Charité, revient à différentes reprises à l'Hôtel-Dieu, et enfin est admise à la Salpêtrière le 28 juin 1862. Les diagnostics portés étaient: hystérie convulsive, M. Briquet ; chorée rhythmique, Aran.

Les traitements les plus variés ont été institués : vésicatoires à la nuque, frictions irritantes, hydrothérapie, l'opium à haute dose, la belladone, l'arsenic, etc., etc. Elle n'a jamais éprouvé d'amélioration même passagère, et, d'après son dire, l'état que nous voyons aujourd'hui se serait dessiné comme tel déjà à la fin de 1859. Comme cause, la malade accuse le chagrin éprouvé par les mauvais traitements d'une belle-mère.

État actuel (le 1er nov. 1867). — La malade, couchée tranquillement dans son lit, ne présente à première vue rien qui la distingue d'une personne bien portante. Mais du moment qu'on lui adresse une question, des troubles morbides commencent à se manifester.

Ce que l'on voit apparaître d'abord, c'est un nystagmus très-prononcé, puis un tremblement rhythmique de la tête.

Sa langue est très-embarrassée : « Je-vais-dif-fi-ci-le-ment, » taisant une pause à chaque syllabe et la prononçant d'une manière saccadée. Pour peu qu'elle s'anime, ce tremblement augmente. Il apparaît surtout dans le membre supérieur gauche. Quand elle veut prendre quelque chose, et, notamment, quand elle veut exécuter un mouvement d'une certaine étendue, par exemple pour boire, les troubles moteurs augmentent et deviennent si forts que l'exécution du mouvement est impossible, le liquide est renversé.

La station est facile et ferme, mais les mouvements qu'elle fait pour se lever provoquent une agitation considérable. Cette dernière augmente quand elle se met en marche; le tremblement s'exagère alors, surtout dans la moitié gauche du corps et dans la tête; en même temps se manifeste une tendance marquée à tomber en arrière.

La malade serre avec une force considérable, seulement un peu plus faiblement du côté gauche; de même que la main de ce côté fait sentir, en pressant, qu'elle est agitée par des secousses rhythmiques.

La force des membres inférieurs est aussi parfaitement conservée la malade peut opposer une résistance très-énergique, si l'on veut fléchir ou étendre ses membres.

Les yeux fermés, elle n'a pas de perte de conscience musculaire, sait où sont ses membres, l'endroit qu'on touche. La sensibilité est intacte; le froid, le pincement, le chatouillement, sont nettement perçus; on trouverait plutôt un peu d'exagération sous ce rapport.

La malade n'accuse de douleurs d'aucune sorte; l'intelligence est d'une netteté parfaite. Du côté des organes digestifs, une constipation assez opiniâtre.

Du côté de la respiration, il y a à noter une toux qui tourmente la malade depuis le mois de juin, et des crachats avec quelques filets de sang sont expectorés par elle depuis à peu près trois semaines. En effet, des craquements au sommet gauche, une légère matité à cet endroit, nous font soupçonner des tubercules.

Bruits normaux du cœur; pouls, 90 à la minute.

1868. 17 *juin* (Internat de M. Bourneville). Au repos, on n'observe aucun mouvement dans les membres supérieurs, mais la tête présente parfois de petites secousses latérales qui sont plus rapides et plus fortes quand la malade est assise. Sitôt qu'elle exécute des mouvements à l'aide des membres inférieurs, on note des mouvements choréiformes. Ainsi, lorsqu'elle veut placer l'index sur son nez, elle arrive d'un seul jet à quelques centimètres de la figure, en dehors du nez et après un temps d'arrêt assez court, on remarque trois ou quatre petites secousses transversales qui rapprochent le doigt du but indiqué. Ces phénomènes sont plus accusés à gauche qu'à droite. — Dans l'acte de porter un verre à la bouche, le tremblement est encore plus marqué, et souvent, ce n'est qu'après plusieurs tentatives que le verre est saisi par les lèvres. Dans ces circonstances, le tremblement de la tête s'exagère d'une manière remarquable. — Vinchon serre énergiquement des deux côtés ; — pas de mouvements fibrillaires.

La sensibilité au contact, à la douleur, à la température est intacte des deux côtés. — Jamais de roideur dans les bras, mais de temps en temps, elle y éprouve des sensations qu'elle compare à des tractions : ce phénomène existerait aussi aux membres inférieurs.

Ceux-ci ne présentent ni contracture, ni roideur ; la notion de position, la force musculaire sont conservées. Les mouvements sont troublés ; lorsqu'on demande à la malade de toucher le doigt placé à une certaine distance au-dessus du lit, on constate la même hésitation que lorsqu'elle porte le doigt à son nez ; ce tremblement oscillatoire léger à droite est plus prononcé à gauche. Les différentes espèces de sensibilité ne sont pas altérées. — Parfois crampes dans les orteils.

Vinchon déclare avoir souvent des douleurs localisées dans certains points de la tête ; elle les compare à une chaleur très-forte accompagnée d'élancements : « c'est comme un dard. » Ces douleurs qui se montrent aussi bien d'un côté que de l'autre, viennent par crises et disparaissent assez vite (1 ou 2 minutes). — Sommeil passable, rarement des rêves ou des cauchemars ; il lui arrive assez fréquemment de grincer des dents pendant qu'elle dort : ce dernier phénomène apparaîtrait quelquefois durant la veille.

Mémoire très-nette. — *Intelligence* moyenne ; la malade est plus émotionnable qu'autrefois. — *L'ouïe* est bonne ; de temps en temps, bourdonnements ; elle n'en avait pas avant sa maladie actuelle. — *La vue* a un peu baissé et au même degré des deux côtés ; les pupilles sont contractiles ; parfois diplopie ; elle verrait aussi de petites étincelles de feu. — *Odorat*, *goût*, rien de spécial.

Quand la *langue* est restée allongée pendant un certain temps, elle est animée de petites oscillations ; la parole est toujours zézayante, scandée.

Il y a quatre ou cinq mois, la malade dit qu'elle crachait beaucoup; actuellement la salivation est normale, ordinairement soif assez vive; parfois vomissements; constipation habituelle, défécation naturelle.

Amaigrissement assez notable. La toux persiste. En mars et le 20 mai, elle a eu de petites hémoptysies; oppression fréquente, par moments, douleur entre les épaules. — Matité en avant, sous les deux clavicules, plus prononcée à gauche. — A l'auscultation, à gauche, gros râles humides sous la clavicule; quelques râles secs en arrière, au sommet : à droite, en avant, inspiration un peu prolongée; en arrière, rien de notable.

Vinchon prend, depuis un mois environ, des pilules de *phosphure de zinc*, qui n'ont amené aucune amélioration dans sa position.

25 *juin*. Règles.

16 *octobre*. La malade a eu depuis le mois de juillet quatre ou cinq petites hémoptysies. La toux est plus fréquente, surtout la nuit; la dyspnée est plus grande. L'expectoration muco-purulente est plus abondante; sommeil mauvais; sueurs nocturnes. Les signes stéthoscopiques s'accusent de plus en plus du côté gauche; appétit médiocre; parfois diarrhée. Les règles ne sont pas revenues depuis le mois de juin.

29 — Le soir, il y a presque toujours de la fièvre; le pouls est à 120. Diarrhée.

17 *novembre*. Depuis deux jours, Vinchon avait des engourdissements dans le bras droit : cette nuit, ces engourdissements ont augmenté; son bras lui semblait lourd, et elle avait de la peine à le remuer. Durant la nuit, elle s'imaginait voir une grande quantité de petites fleurs ayant des couleurs aussi variées que possible. — Depuis quelque temps, le pouls varie entre 116 et 132. Diarrhée. — L'*Examen ophthalmoscopique*, fait avec mon ami et excellent collègue Fontaine, a fait voir, à droite, un commencement d'atrophie de la papille, dans sa moitié interne, — à gauche de légères dilatations veineuses.

14 *décembre*. Soir. Pouls, 144. En avant et à droite, inspiration rude, prolongée; gros râles par la toux; en arrière, respiration

soufflante sans râles. En avant et à gauche, respiration ronflante ; en arrière, souffle caverneux, gargouillement, râles ayant un timbre métallique.

26. — Douleurs dans les membres inférieurs qu'elle ne peut plus remuer. — La diarrhée a cessé depuis quelques jours sous l'influence des pilules de nitrate d'argent.

28. — Soir. Pouls, 36. La malade peut soulever les membres inférieurs et les plier ; avec le pied, elle ne touche jamais le point qu'on lui indique ; notion de position conservée ainsi que la sensibilité au contact, au chatouillement, etc. ; sensation de tiraillements dans les talons, le long des jambes et des cuisses. Amaigrissement considérable. — Vue meilleure qu'il y a six mois : « Mes yeux dansent moins, » dit-elle ; pupilles égales et contractiles. — La tête semble moins remuer. — Ouïe normale, quelquefois bourdonnements d'oreille à gauche. — Odorat et goût, rien. — Pas de mouvements fibrillaires de la langue.

30. — La douleur paraît s'être localisée dans le membre inférieur droit qui est tuméfié dans toute sa longueur (*phlegmatia alba dolens*).

1869. *4 janvier* (Internat de M. Joffroy.) Râles trachéaux ; dyspnée considérable. Pouls, 140 ; respiration, 48 ; — TR. 39 2/5. La diarrhée, qui avait cessé depuis quelque temps, est revenue aujourd'hui très-abondante. — Elle meurt le 5 à 8 heures du soir.

Rigidité cadavérique. La rigidité n'a pas offert de particularités significatives. Très-manifeste le 6 janvier, à 8 heures et demie, 10 heures et demie du matin et à 3 heures du soir, elle avait notablement diminué le 7 janvier au matin.

Autopsie, le 7 *janvier* 1869. *Tête*. Les enveloppes du cerveau sont normales. — La surface du cerveau est saine. — Sur la moitié gauche de la face inférieure de la protubérance, existe une plaque scléreuse irrégulièrement arrondie, ayant 5 à 6 millimètres de diamètre.

Lorsqu'on sépare le cervelet et l'isthme du cerveau, on s'aperçoit que l'aqueduc de Sylvius est entouré par une large plaque sclérosée, mesurant environ 2 centimètres de largeur sur 1 de hauteur.

De cette plaque naissent des prolongements qui se perdent dans protubérance, ainsi que le démontrent diverses coupes. L'un de ces prolongements, en se continuant par en bas, forme la plaque que nous avons notée à la face inférieure. Un autre s'étend en haut vers le quatrième ventricule. Au toucher, ce vaste *îlot* scléreux donne une sensation de résistance assez considérable.

Les deux hémisphères cérébraux séparés l'un de l'autre, on observe de larges plaques de sclérose sur les parois des ventricules latéraux. Ces plaques se continuent dans l'épaisseur des hémisphères, ainsi que le démontrent des coupes verticales et transversales. De plus, on trouve d'autres plaques plus ou moins étendues.

Dans le *cervelet*, petite plaque à droite, au voisinage des circonvolutions; dans le corps rhomboïdal gauche, petit foyer ocreux de la grosseur d'un pois.

Une coupe faite sur le *bulbe* au niveau des corps olivaires montre une plaque considérable, entourant la partie interne des corps olivaires et intéressant toute la partie postérieure du bulbe; cette plaque s'étend beaucoup plus à droite qu'à gauche. On retrouve cette plaque, mais beaucoup plus circonscrite sur une coupe pratiquée au-dessous des olives.

MOELLE. — Extérieurement, on voit : 1° une petite plaque, au niveau de l'insertion des racines, à 11 centimètres au-dessous des olives; 2° plaque très-étendue au niveau du renflement cervical; 3° sur la face postérieure, en dehors de l'origine des racines sensitives, au niveau du renflement brachial, on aperçoit deux taches, l'une à droite, l'autre à gauche. — Rien d'appréciable sur la partie inférieure de la région dorsale ni sur le renflement lombaire.

Les *nerfs crâniens*, les racines spinales antérieures et postérieures qui paraissent émerger des plaques de sclérose, ne présentent aucune altération.

Le nerf radial gauche et les muscles des bras sont complétement sains. — Les fibres musculaires des adducteurs cruraux sont plus maigres que celles des membres supérieurs. — Les muscles de la jambe renferment quelques granulations graisseuses.

Thorax. Léger épanchement dans les cavités pleurales. — Adhérences très-résistantes au sommet des deux poumons. — Épaississement des plèvres viscérales avec dépôt de fausses membranes déjà anciennes. — Cavernes au sommet des deux poumons qui renferment de nombreux tubercules.

Cœur petit, maigre, sans lésions valvulaires.

Foie, rate, rien de particulier. — Reins anémiés. — Granulations tuberculeuses sur la muqueuse de l'intestin grêle, accumulées surtout sur les plaques de Peyer. — Ulcération commençante près de la valvule iléo-cœcale.

Vessie, utérus, ovaires, rien.

Chez cette malade la sclérose a débuté par l'encéphale où, durant une période assez longue, elle est restée limitée. Aussi les symptômes céphaliques ont-ils existé seuls pendant longtemps : migraines, céphalalgie, étourdissements, difficulté de la parole, nystagmus, tremblement de la tête, douleurs lancinantes, etc. Puis sont survenus dans les membres supérieurs du tremblement et des tiraillements et quelques symptômes vagues du coté des membres inférieurs, tous phénomènes dénotant la propagation de la prolifération conjonctive à la moelle épinière. Ici, encore, concordance parfaite entre les symptômes et les lésions.

CHAPITRE IV.

Marche. — Durée. — Complications.

D'après le tableau que nous venons de tracer des symptômes, on voit facilement que la *marche* de la sclérose en plaques est fatalement envahissante; que la maladie ait débuté par la tête, ou par l'un des membres supérieurs ou inférieurs, elle gagne bientôt successivement les membres demeurés indemnes.

Le tremblement devient plus intense, la paralysie plus complète, les accès de roideur plus communs, l'affaiblissement de plus en plus prononcé, amenant des troubles dans la nutrition, ouvrant la voie aux affections intercurrentes qui amènent la mort. Il est des cas cependant dans lesquels on a noté des rémissions; mais en général ils sont très-rares.

Joséphine L..., (observation XV, empruntée à la thèse de M. Ordenstein), fournit un exemple assez frappant de cet amendement dans la marche des symptômes.

Chez l'étudiant en théologie, qui fait le sujet de l'observation de Leo, nous voyons que la paralysie siégeant à gauche, s'étendant ensuite à droite, disparaît au bout d'un certain temps, et permet au malade de reprendre son travail, d'écrire de nouveau. Dans la même observation, nous trouvons qu'après une série d'attaques apoplectiques (sept en quatre ans) chaque attaque était suivie d'une exacerbation dans l'état général (OBS. X, p. 95).

Chez une malade, il y eut un amendement notable sous l'influence de la strychnine : au bout de deux mois, la malade pouvait se tenir debout, sans appui (ce qu'il lui était impossible de faire auparavant), mais quelque temps après, des attaques cardialgiques suspendent l'amélioration, et la maladie empire (OBS. de Zenker, p. 112).

C'est surtout au début de l'affection qu'on remarque un amendement des symptômes. Chez Baudoin, dont l'observation est rapportée plus haut (page 30), nous voyons d'abord une paraplégie avec paralysie des sphincters de l'anus et de la vessie disparaître, et au bout de trois mois la malade pouvait marcher sans aide ; six mois après, les mêmes accidents reparaissent, quoique moins intenses (il n'y a pas de paralysie des sphincters), et suivent alors une marche progressive.

Dans le deuxième cas de Valentiner, l'apparition des règles amena un amendement notable des symptômes ; mais, après la cessation de la menstruation, les accidents reparurent. Même particularité dans l'exemple de Zenker : les règles, en s'établissant, arrêtèrent la maladie ; bientôt elles cessèrent et, à partir de là, la maladie devint graduellement envahissante.

L'observation suivante, que nous devons à l'obligeance de M. Vulpian, nous montre un exemple frappant des améliorations et aggravations alternatives que présente parfois la sclérose en plaques. Dans les premiers temps de la maladie, nous voyons survenir à la suite d'une *variole*, un rétablissement pour ainsi dire complet (1848). Cette amélioration persiste pendant trois ans. Alors les *règles* se suspendent (1851), des symptômes, légers d'ailleurs, se manifestent pour disparaître eux-mêmes avec le retour des menstrues (1852). En 1854, la malade à un *ictère* auquel succèdent de nouveaux accidents. Ceux-ci s'amendent; mais à l'occation d'une *bronchite*, la parésie des membres reparaît plus considérable et après des rémissions et des recrudescences successives, elle devient permanente (1858).

OBSERVATION XV.

SCLÉROSE EN PLAQUES DISSÉMINÉES (FORME CÉRÉBRO-SPINALE.)

Faiblesse, engourdissement des membres inférieurs. — Aggravation et amélioration alternatives. — Tremblement. — Impossibilité de fléchir le membre inférieur sans aide. — Élancements dans la cuisse. — Diplopie. — Syncopes fréquentes. — Plaques de sclérose sur la protubérance, le bulbe, la moelle. — Muscles graisseux. — (Observation communiquée par M. VULPIAN.)

Biéchelé Aimée, âgée de 45 ans, née à Colmar (Haut-Rhin), sans profession, entre à la Salpêtrière le 18 juin 1855, pour une *paraplégie.*

Réglée à l'âge de 19 ans, cette femme n'eut aucune maladie jusqu'en 1845. A cette époque, elle eut une fièvre typhoïde assez grave et dont la durée fut de trois mois environ; la convalescence fut assez longue. La guérison paraît avoir été complète. Deux ans après, sous l'influence d'une courbature avec fièvre et gonflement de la région épigastrique, elle remarqua une faiblesse des membres qui, suivant elle, aurait augmenté considérablement à la suite d'une application de sangsues à l'épigastre. La malade peut encore se lever, mais elle marche avec difficulté; elle ne peut plus se servir de ses mains dont les doigts sont fléchis et contracturés. On parvient assez facilement à les étendre; mais dès qu'on cesse l'extension, ils se fléchissent de nouveau au bout de quelques instants.

Cet état ne s'améliorant pas, B... entre, deux mois après, à la Charité, dans le service de M. Cruveilhier ; alors, il y avait de l'engourdissement dans les membres. Le traitement paraît avoir consisté en bains sulfureux et pilules écossaises. Après deux mois de séjour à l'hôpital, la malade, qui avait été vaccinée, contracte une variole assez grave qui a laissé des traces sur la face et les membres. Pendant l'éruption, les phénomènes de faiblesse et de contracture disparaissent complétement. La variole dure un mois ; le rétablissement est complet, la malade peut marcher, et jusqu'en 1850, la santé est bonne.

En 1851, après une vive émotion, les règles s'arrêtent subitement et ne reparaissent pas durant sept mois. Dans cet intervalle, B..... éprouve un malaise général, mais le mouvement et la sensibilité dans les membres sont conservés. Les règles reviennent à ce moment et continuent régulièrement. Jusqu'en 1854, l'état de B... est satisfaisant ; elle eut un ictère qui dura deux mois, et c'est alors que commença à se manifester la faiblesse des membres.

A son arrivée à l'infirmerie, en 1855, il existait encore de la faiblesse, mais presque exclusivement dans les membres inférieurs ; la marche, quoique très-difficile, était encore possible ; au bout de quelques mois, il y a eu une amélioration notable. A l'occasion d'une bronchite, la parésie des membres reparaît de nouveau, mais plus considérable, et après deux ou trois alternatives d'amélioration et d'aggravation, elle devient permanente vers 1858.

État actuel (1862). B... peut encore se tenir debout, mais dans la station soit verticale, soit assise, les membres sont agités de secousses rhythmiques ; il y a impossibilité de fléchir la cuisse sur le bassin, la jambe sur la cuisse et le pied sur la jambe. Lorsque la cuisse a été fléchie par la malade à l'aide de ses mains, ou par des mains étrangères, B... peut l'étendre avec une force assez grande pour repousser la main qui cherche à s'opposer à ce mouvement d'extension. Quand on fléchit le pied sur la jambe, aussitôt le membre est pris d'un tremblement si intense qu'il est impossible de le réprimer en cherchant à retenir le pied.

Il existe un peu d'atrophie des membres, et un léger gonflement œdémateux, marqué surtout au niveau des malléoles quand la station debout a été prolongée. La malade éprouve assez souvent, le soir, dans le pied gauche, une sensation de chaleur que la main perçoit facilement. La sensibilité est conservée. Le chatouillement de la plante des pieds est bien perçu, mais ne détermine pas d'action réflexe. Depuis quatre ans, B... a de temps en temps des douleurs assez aiguës, comme des élancements dans la cuisse, le genou et l'articulation tibio-tarsienne.

La contractilité électrique des muscles extenseurs et fléchisseurs des trois segments des membres inférieurs est conservée, toutefois, les contractions ainsi obtenues artificiellement sont très-limitées ; la sensibilité musculaire paraît à peu près normale.

Le mouvement paraît conservé en très-grande partie dans les membres supérieurs; le bras gauche est plus faible; il y a une douleur descendant de l'épaule à la main. La malade se sert assez bien de ses mains pour coudre, broder, etc. La sensibilité est intacte.

Depuis deux mois, douleur dans le côté droit, paraissant de nature névralgique. La diplopie qui existait, à l'entrée de la malade à l'infirmerie, a disparu. Pas de soif exagérée; inappétence, constipation habituelle. Toux légère. Rien au cœur. Pas de bruit de souffle dans les vaisseaux du cou.

28 *avril* 1862. Depuis une quinzaine de jours, la malade a un embarras gastrique très-prononcé (ipéca, huile de ricin) ; depuis le 23, B... a des syncopes presque chaque jour. L'embarras gastrique s'améliore, mais, simultanément, paraissent dans l'hypochondre gauche des douleurs qui augmentent l'état syncopal. On commence à donner des pilules de nitrate d'argent de 0,01 (1 le matin, 1 le soir). B..., avant ces derniers jours, pouvait se lever seule pour aller à la garde-robe et se tenir debout quelques instants; elle ne pouvait se recoucher sans aide, étant incapable de fléchir les jambes. La marche est impossible, mais la malade peut, en se tenant au lit, faire quelques pas en arrière, et bien plus difficilement un ou deux pas en avant, en traînant les pieds ; depuis quelques jours, il lui est impossible de se lever, parce qu'elle se trouve mal dès qu'elle est debout.

13 *mai.* A partir du 7 mai, B... a remarqué qu'elle pouvait faire exécuter à ses membres inférieurs des mouvements de rotation autour du bassin sans s'aider avec les mains, ce qu'elle n'avait pas pu faire encore depuis cinq ans. L'inappétence persiste toujours.

7 *juin.* 3 pilules de nitrate d'argent; il n'y a pas d'amélioration notable; l'appétit est toujours faible; embarras gastrique presque continuel. La malade dit avoir dans les membres inférieurs des élancements douloureux qui se produisent une heure ou deux environ après l'ingestion de chaque pilule et durent 2 ou 3 heures.

21 *août.* Suppression des pilules de nitrate d'argent; il n'y a pas en réalité la moindre amélioration, si ce n'est que B... peut faire exécuter un très-léger mouvement de flexion au genou droit.

6 *février* 1865. Depuis longtemps, la malade se plaint de douleurs peu intenses d'ailleurs dans le côté gauche, à la région splénique et dans les membres inférieurs, surtout le gauche ; elle ne se lève plus depuis le mois d'août, et quand elle cherche à se lever, elle ne peut se tenir debout, étant sur le point d'avoir une syncope. Les membres sont très-atrophiés, d'une façon uniforme pour toutes les régions. B... ne peut plus guère étendre la jambe gauche lorsqu'on la fléchit sur la cuisse, mais elle étend encore la jambe droite. Le tremblement est toujours très-marqué dans les pieds lorsqu'on les fléchit et qu'on cherche à les maintenir fléchis. Cependant le tremblement est moins intense, moins incoercible qu'autrefois, par suite de l'affaiblissement des muscles. La sensibilité des membres inférieurs est *absolument intacte;* la sensation de chatouillement est très-bien perçue, peut-être même un peu plus vivement que dans l'état normal. — La santé générale est assez bonne; les fonctions digestives sont à peu près intactes. L'odorat est conservé.

15 *septembre.* B... est très-amaigrie, très-débilitée, le facies est légèrement altéré; elle peut encore s'asseoir dans son lit; ses mains participent à la faiblesse générale, sans offrir aucun phénomène particulier. Une eschare se forme au sacrum.

2 *janvier* 1866. Depuis cinq ou six jours, l'affaiblissement devient considérable ; la malade éprouve partout des douleurs vagues ; elle tousse un peu. La sensibilité des membres inférieurs est con-

servée; hypéresthésie. Aucun mouvement spontané n'est possible, et lorsqu'on fléchit le membre inférieur, B... est incapable de l'étendre seule comme autrefois. Les mouvements réflexes sont médiocrement étendus, mais ils sont très-nets par le chatouillement de l'un ou l'autre pied. Les membres supérieurs sont à l'état normal, sauf un peu de faiblesse résultat de la détérioration générale de l'organisme. La nuit, vive agitation, insomnie. L'eschare a fait de grands progrès.

3. — Mort à 7 heures du matin.

Autopsie, le 4 janvier. *Cavité crânienne*. Les méninges sont saines. Les artères de la base du cerveau ne sont pas athéromateuses. Le cerveau pèse 1245 grammes.

L'encéphale reposant sur sa convexité étant dépouillé de la pie-mère, on constate : plusieurs pertes de substance des fibres transversales superficielles de la *protubérance;* l'une d'elles, mesurant un centimètre dans le sens transversal et un demi-centimètre dans le sens antéro-postérieur, siége sur la ligne médiane tout à fait en avant de la protubérance, et descend jusque dans l'espace interpédonculaire. Trois autres lacunes d'un demi-centimètre siégent sur le côté gauche de la protubérance à très-peu de distance de la ligne médiane. Du côté droit, sont deux autres lacunes à peu près semblables et également distantes de la ligne médiane; de ce même côté, on voit trois lacunes, dont l'une est placée près de l'origine du pédoncule cérébral, une seconde à l'origine du trijumeau et la troisième à celle du facial.

Bulbe. Les deux pyramides présentent une atrophie partielle différemment distribuée sur l'une et sur l'autre; sur la gauche, ce sont les fibres les plus internes de la pyramide qui ont disparu; sur la droite plus altérée au moins à la surface, la lésion a fait disparaître en grande partie les fibres dans la partie la plus rapprochée de la protubérance. En somme, les deux pyramides sont certainement détruites dans plus des trois quarts de leurs éléments.

A un demi-centimètre en arrière du bord postérieur de la protubérance, les fibres blanches reparaissent pour s'interrompre complétement de nouveau à un demi-centimètre de ce point, et reparaître un peu au-dessus du lieu de l'entrecroisement. Là, les fibres ont leur aspect normal. La partie moyenne de la surface des deux *olives* est atrophiée ; il en est de même de la portion interne du pédoncule cérébral gauche.

Le bulbe et la protubérance étant examinés par leur face supérieure, on constate qu'il y a une altération atrophique superficielle dans presque toute l'étendue, excepté dans certains points où des îlots de matière blanche sont conservés.

Ayant fait une coupe un peu au-dessus des ventricules latéraux, on voit, sur le *centre ovale*, de Vieussens des deux côtés, des petites taches d'un demi-centimètre de diamètre, ayant l'aspect de la substance grise.

Au niveau du corps rhomboïdal du *cervelet*, il y a aussi une tache grisâtre ; mais celle-ci n'a pas été examinée.

Moelle. La moelle est très-diminuée de volume, elle est moins grosse que le sciatique ; elle présente, comme altérations, des teintes grisâtres diversement placées à différentes hauteurs. La moelle est mise dans l'acide chromique pour être examinée ultérieurement.

Les *muscles* de la région postérieure de la jambe et de la cuisse ont une teinte jaunâtre assez accusée et qui est très-frappante, lorsqu'on les compare aux muscles des bras (triceps), lesquels ont une coloration rouge très-intense et très-franche. — Le *nerf sciatique* paraît plus gros qu'à l'état normal.

Cavité thoracique. Poumons, cœur, sains.

Cavité abdominale. Foie sain. Rate, un peu augmentée de volume, consistance normale. Reins, utérus et ses annexes n'offrent rien de particulier à noter.

EXAMEN MICROSCOPIQUE. Le 4 janvier, on a examiné, à l'aide du microscope, les diverses parties atrophiées des centres nerveux.

1° Pertes de substance superficielles de la protubérance ; elles ont toutes la même structure. Il n'y a réellement pas d'enfoncement au niveau des points où la substance blanche manque, ou du moins, les dépressions, si elles existent, sont très-peu prononcées. Les fibres blanches sont interrompues brusquement, de sorte que le pourtour de chaque tache grise est dessiné très-nettement, par une ligne légèrement irrégulière. Entre deux pertes de substance, l'une à droite, l'autre à gauche, situées à peu près au même niveau, il semble bien y avoir continuité des fibres blanches superficielles, et cependant ces fibres n'ont subi aucune atrophie, bien que coupées à leurs deux extrémités. Le tissu gris qui forme les taches a une certaine résistance; cependant, on peut en détacher de petites parcelles, en passant la pointe du bistouri au-dessous de la partie superficielle et en cherchant à arracher une petite portion. Le tissu ainsi détaché a une demi-transparence. Examiné au microscope, il est composé d'un tissu fibrillaire à fibrilles très-fines, d'une gangue de matière amorphe finement granuleuse, au milieu de laquelle se trouvent de très-nombreux noyaux de formes variées, arrondis ou elliptiques. Ils ont environ de 8 à 10 millièmes de millimètre de diamètre. Les vaisseaux capillaires offrent de très-nombreux noyaux elliptiques dans leur paroi. — Il y a un assez bon nombre de petits corps granuleux, mais on n'a pas vu une seule cellule ayant nettement l'apparence d'une cellule nerveuse; en examinant de nouveau, le lendemain, ces points grisâtres (glycérine et solution de fuchsine), M. Vulpian en a trouvé de nombreuses. — On a examiné aussi le tissu grisâtre de la pyramide gauche. Il faut remarquer que les fibres superficielles de cette pyramide sont nettement interrompues dans une longueur d'un demi-centimètre environ un peu au-dessus de l'entre-croisement, et qu'il n'y a pas la moindre altération nettement appréciable des fibres pyramidales, ni au-dessus ni au-dessous de cette interruption, et le fait est d'autant plus remarquable pour la partie supérieure de ces fibres, qu'elles sont en grande partie détruites près de la protubérance; il semble bien alors qu'un bon nombre, au moins de ces fibres, sont comme coupées en deux points et par conséquent séparées de tout centre trophique, bien qu'elles soient restées intactes. La structure de la partie atrophiée de la pyramide est analogue à celle de la substance atrophiée de la protubérance, seulement il paraît y avoir plus de corps granuleux. Il y a, de plus, de nombreux corps amyloïdes, et enfin on constate un assez grand nombre de véritables cellules nerveuses munies de prolongements que M. Vulpian a très-nettement vus. Les fibres nerveuses étaient en voie d'atrophie.

On a étudié aussi les taches grisâtres observées dans la substance blanche du centre ovale de Vieussens (des deux côtés). Ces taches ont une couleur gris-rosé, très-analogue à celle de la substance grise normale. Il n'y a pas dans ces points une seule cellule nerveuse, et, malgré un examen attentif et répété, on ne put en trouver une seule; mais il y a de très-nombreux corps granuleux, très-rapprochés les uns des autres dans chaque préparation. Les vaisseaux ont aussi des amas de granulations graisseuses sur leurs parois. Toutes les fibres nerveuses paraissent détruites dans ces points; il n'y a plus qu'une gangue amorphe parcourue par de fines fibrilles et dans laquelle sont contenus les corps granuleux. Pas de corps amyloïdes.

Une coupe transversale faite au niveau de l'olive gauche qui est atrophiée, montre que l'atrophie a détruit une partie de la couche superficielle et même une partie de la lame plissée de cette olive. Sur cette coupe, on voit aussi que l'altération des pyramides est très-profonde. La pyramide gauche qui, à la surface, paraît moins altérée que la droite, n'a en définitive qu'une bien mince couche superficielle de fibres à l'état sain, car sur la coupe, elle paraît altérée dans presque toute son épaisseur.

2° *Moelle.* L'examen microscopique de la moelle a été fait par M. Jolyet et contrôlé par M. Vulpian. La moelle a été divisée en tronçons et mise dans une solution aqueuse d'acide chromique. Les préparations colorées par le carmin et traitées par le baume de Canada, ont été dessinées à la loupe.

Première coupe, à 29 centimètres au-dessus de l'extrémité inférieure de la moelle ; largeur, 10 millimètres sur 6 millimètres et demi. Toute la moitié droite (faisceaux blancs), à l'exception de la couche corticale du faisceau antérieur et de celle des deux tiers antérieurs du faisceau latéral est sclérosée. Il y a une altération légère du faisceau postérieur gauche et de la partie centrale du faisceau latéral gauche. La racine postérieure partant d'une région entièrement atrophiée est saine.

Deuxième coupe, à 25 centimètres au-dessus de l'extrémité inférieure de la moelle; largeur, 7 millimètres sur 6 d'épaisseur. Il y a une altération complète de tout le faisceau latéral et du faisceau postérieur du côté droit. La partie interne et la couche corticale du faisceau postérieur gauche et une petite partie de la portion postérieure du faisceau latéral gauche sont sclérosées.

Troisième coupe, à 20 centimètres au-dessus de l'extrémité inférieure de la moelle; 7 millimètres de largeur sur 5 d'épaisseur. On constate de très-nombreux corpuscules amyloïdes, surtout en arrière; peut-être les cellules de la corne antérieure droite ont-elles diminué de nombre; partout ailleurs elles étaient certainement en nombre normal.

Quatrième coupe, à 15 centimètres au-dessus de l'extrémité inférieure de la moelle; 7 millimètres de largeur sur 5 d'épaisseur. Les deux faisceaux postérieurs du côté droit sont sclérosés; l'atrophie envahit une petite partie adjacente du faisceau latéral. De ce même côté, ce même faisceau est atrophié dans sa moitié antérieure. Le faisceau antérieur droit est aussi atrophié, sauf une assez mince couche superficielle. Il existe une légère altération à gauche, formant comme une bande assez mince entre le faisceau antérieur et le faisceau latéral.

Comme dans toutes ou presque toutes les coupes, on voit des corpuscules amyloïdes, et çà et là des filaments axiles conservés sans gaînes médullaires et même sans qu'on reconnaisse le névrilème.

Cinquième coupe, à 14 centimètres au-dessus de l'extrémité inférieure de la moelle; 8 millimètres de largeur sur 5 d'épaisseur. Atrophie des deux faisceaux postérieurs, à l'exception de la partie la plus externe du faisceau postérieur gauche et d'une petite bande superficielle externe du faisceau postérieur droit.

Sixième coupe, à 11 ou 12 centimètres au-dessus de l'extrémité inférieure de la moelle; 7 millimètres de largeur sur 5 d'épaisseur. L'altération est extrêmement étendue. Le faisceau antérieur gauche dans sa partie la plus interne, tout le faisceau antérieur du côté droit et la partie adjacente du faisceau latéral, tout le faisceau postérieur droit et la partie adjacente du faisceau latéral sont atrophiés. Il n'y a que la partie intermédiaire du faisceau latéral droit qui ne soit pas complétement altérée ; on y voit, au milieu du tissu conjonctif très-abondant, d'assez nombreux tubes complets disséminés. A gauche, le faisceau latéral, dans presque toute son étendue, est formé aussi de tissu conjonctif parsemé de nombreux tubes complets. Dans beaucoup de points complétement altérés, on voit encore, pour ainsi dire, le squelette des anciennes fibres nerveuses, et l'on reconnaît aussi, dans certains endroits, des cylindres axiles conservés. Il en est de même dans toutes les autres coupes. Très-nombreux corps amyloïdes, surtout dans les parties postérieures.

Septième coupe, à 7 centimètres et demi au-dessus de l'extrémité inférieure de la moelle ; 8 millimètres de largeur sur 5 d'épaisseur. La partie supérieure de ce tronçon de moelle offre presque l'altération du précédent. Corps amyloïdes dans la partie atrophiée.

Huitième coupe, à 6 centimètres de la partie inférieure de la moelle ; 9 millimètres de largeur sur 7 d'épaisseur. Les faisceaux latéral et postérieur du côté droit sont altérés. Légère altération à gauche.

Neuvième coupe, à deux centimètres et demi au-dessus de l'extrémité inférieure de la moelle. A ce niveau, la moelle est entièrement saine.

2° *Muscles*. Le microscope fait reconnaître que la plupart des fibres musculaires des muscles des membres inférieurs sont remplies de fines granulations graisseuses très-abondantes ; on voit encore, dans un certain nombre qui sont un peu moins granuleuses, une striation transversale très-nette. Les noyaux de sarcolemme paraissent plus nombreux que dans l'état normal, et beaucoup d'entre eux contiennent de nombreuses granulations graisseuses. Ces noyaux sont souvent en séries linéaires, et on voit 2, 3 ou 4 noyaux paraissant provenir de la division transversale d'un seul noyau primitif.

Durée. Chez les dix-huit malades dont nous possédons les observations, deux ont succombé au bout de deux ans, un à la troisième année. Chez neuf, la durée a été comprise entre cinq et dix ans ; dans deux cas, la mort est survenue après treize ans de maladie ; dans un autre, après dix-sept ans; enfin, l'un succomba au bout de vingt, l'autre au bout de vingt-quatre ans.

On le voit, la durée est extrêmement variable; cependant, d'une manière générale, on peut dire qu'elle est comprise entre huit et dix ans.

Complications et maladies intercurrentes. — Des maladies qui se montrent dans le cours de la sclérose en plaques, les unes sont de véritables maladies intercurrentes, sans lien direct avec les lésions du système nerveux, les autres dépendent sans conteste de la maladie primitive. Au nombre des premières qui, on le comprend n'ont qu'un médiocre intérêt, nous citerons la variole, l'ictère (Obs. XV), la dysentérie (Obs. VI), la pleurésie, etc.

Quant aux *complications* véritables, elles sont attribuables surtout aux troubles de la nutrition si communs chaque fois que la moelle est lésée, suivant la juste remarque de M. Charcot. Elles sont susceptibles d'être rangées sous plusieurs chefs : 1° les *eschares*, qui acquièrent parfois une grande étendue (7 fois); — 2° la *méningite spinale* ascendante; — 3° les affections thoraciques, la *bronchite* (Obs. VII), la *pneumonie* (Obs. XVII), la *phthisie* (Obs. I, V, VIII) et certaines de ses conséquences, la *phlegmatia alba dolens* (Obs. VII et VIII); — 4° les lésions des *os* déterminant une déviation de la colonne vertébrale. Le cas du Dr Pennock, la deuxième observation de Valentiner (page 92) sont très-instructifs sous ce rapport. Dans celle-ci elle est mise sur le compte d'un affaiblissement des muscles extenseurs d'un côté, sur la cause duquel l'auteur ne s'explique pas. Y avait-il une altération des fibres musculaires? on ne sait. Disons, à ce propos, que les fibres musculaires ont rarement présenté des modifications importantes. La mort, ainsi que le démontrent la lecture des observations, est occasionnée habituellement par les complications. Dans les faits suivants elle est dûe à une pleurésie et à des eschares profondes.

OBSERVATION XVI.

SCLÉROSE EN PLAQUES DISSÉMINÉES (FORME CÉRÉBRO-SPINALE)

Affaiblissement successif et progressif des quatre membres, surtout des membres inférieurs. — Roideur des jambes survenant très-tard. — Tremblement quand la malade veut exécuter des mouvements. — Embarras de la parole. — Douleurs en ceinture. — Sclérose multiple des cordons de la moelle allongée et des parois ventriculaires (communiquée par M. CHARCOT) (1).

Joséphine L..., sous-maîtresse, célibataire, 33 ans, née en Belgique, entre à la Salpêtrière le 24 septembre 1864. Le *père* de la malade, qui a toujours joui d'une bonne santé, est mort à 83 ans d'un catarrhe pulmonaire. La mère et les frères sont bien portants; un oncle est paralysé. Réglée à 15 ans, menstruation régulière et abondante. Jusqu'à l'âge de 26 ans, la malade a été bien portante, seulement sujette à des maux de tête et à des crampes dans les membres inférieurs se reproduisant fréquemment (plusieurs fois par semaine).

Les conditions hygiéniques dans lesquelles la malade se trouvait étaient satisfaisantes; elle prétend avoir été sujette à éprouver la sensation de la boule hystérique, mais elle n'a jamais eu d'attaques de nerfs. A l'âge de 26 ans, L..., a commencé à s'apercevoir que ses jambes, la gauche surtout, devenaient faibles; elle les trouvait

(1) Empruntée à la thèse de M. Ordenstein.

froides et engourdies, sans y avoir jamais senti de douleurs ni d'élancements. En même temps que l'affaiblissement se montrait, les crampes auxquelles a malade était sujette ont complétement cessé. L'affaiblissement s'est manifesté, à la même époque dans les membres supérieurs, mais moins prononcé, et ici, comme dans les membres inférieurs, plus marqué à gauche.

Deux ou trois ans après, la vue s'est un peu affaiblie; J. L.., commence à voir trouble, les objets vacillent et tournent devant les yeux. Des douleurs en ceinture s'irradient sur les fausses côtes. A cette époque, la malade cesse de pouvoir marcher.

Traitée, en 1863, dans le service de M. Piorry, à la Charité, par l'*électricité* et la *strychnine*, une amélioration passagère se montre, de sorte que, pendant un mois, elle peut se soutenir sur ses jambes et faire quelques pas.

Admise le 24 décembre 1864, à l'infirmerie de la Salpêtrière, on constate l'état suivant : les mouvements du membre inférieur sont complétement abolis; il ne reste que quelques petits mouvements des orteils à droite. Pas de mouvements réflexes, pas de contracture. Les membres supérieurs sont affaiblis, surtout le gauche. La malade écrit difficilement, ne peut coudre, mais dit que c'est à cause de sa vue. La sensibilité est bien conservée dans les membres supérieurs et inférieurs.

Du côté de la respiration et de la circulation, rien d'anormal. Son appétit est bien conservé, mais elle souffre d'une constipation opiniâtre, de sorte qu'on est obligé de lui donner constamment des purgatifs. La soif n'est pas augmentée; elle est obligée d'uriner très-fréquemment.

Il reste encore à noter qu'un cancer du sein se développe depuis à peu près un an; elle s'affaiblit, depuis, de plus en plus; le tremblement diminue, les membres deviennent flasques; à la fin, le tremblement n'est marqué qu'à la tête. — Une pneumonie l'emporte le 28 avril 1866.

AUTOPSIE. — Des plaques de sclérose se trouvent sur la protubérance et le bulbe en grand nombre. — Les cordons latéraux sont sclérosés à la partie supérieure du renflement cervical; la sclérose déborde en plusieurs points sur les cordons postérieurs et dans une étendue un peu plus considérable sur les antérieurs. La surface des couches optiques et des corps striés montrait un froncement spécial.

L'existence de douleurs fulgurantes dans la sclérose en plaques n'a rien du reste qui répugne à l'esprit, parce que les lésions scléreuses envahissent parfois les cordons postérieurs de la moelle. C'est là ce que l'on observait dans les faits auxquels tout à l'heure nous faisions allusion.

CHAPITRE V.

Diagnostic.

Nous avons vu, dans l'étude anatomo-pathologique, que les plaques de sclérose avaient une constitution individuelle, uniforme, mais qu'elles différaient par le nombre, le siége et le mode de répartition, occupant tantôt l'encéphale seul, tantôt la moelle seule, d'autres fois l'encéphale et la moelle. Ces variétés de siége ayant leur correspondant dans la symptomatologie nous ont conduit à admettre trois formes : céphalique, spinale et cérébro-spinale. Chacune de ces formes présente des troubles fonctionnels spéciaux : prédominance dans l'une des troubles spinaux, dans l'autre des troubles céphaliques ; enfin, dans la troisième, réunion des symptômes céphaliques et spinaux.

Il ressort donc de l'étude anatomique et symptomatique de la sclérose en plaques qu'il s'agit là, pour nous servir d'une expression de M. Charcot, d'une affection véritablement polymorphe. C'est là un premier fait qui peut nous expliquer pourquoi la sclérose dont les lésions anatomiques avaient été signalées depuis si longtemps, avait échappé jusqu'alors à l'analyse clinique. Un deuxième fait à mentionner encore, ce sont les analogies qui rapprochent la sclérose en plaques considérée dans l'une de ses formes les plus communes, avec la paralysie agitante. Jusque dans ces derniers temps, en effet, la confusion avait été complète. C'est avec la forme céphalique de la sclérose que la paralysie agitante a le plus d'analogies, tandis que c'est de la forme spinale que se rapprochent le plus les phénomènes caractérisant les phases de l'ataxie locomotrice symptomatique de la sclérose des cordons postérieurs de la moelle ainsi que les diverses affections dénommées myélite chronique, sclérose rubanée, sclérose latérale (1).

— C'est avec l'incoordination des mouvements, symptomatique de la *sclérose des cordons postérieurs* de la moelle, que pourrait être confondue, dans la première période, la sclérose en plaques dissiminées, mais, dans cette dernière, l'incertitude de la marche due à l'affaiblissement, à la parésie des membres inférieurs est, le plus souvent, le phénomène initial, tandis que dans l'ataxie, l'incoordination des mouvements est un phénomène tardif pouvant survenir 10, 12, 15 et même 20 ans après le début, et celle-ci est à peu près toujours précédée de symptômes fondamentaux qui sont des troubles spinaux (douleurs fulgurantes) et des troubles céphaliques (paralysie des nerfs moteurs oculaires).

Dans la première période de la sclérose, les troubles

(1) Sous le nom de *myélites chroniques*, on rangeait naguère une foule de maladies de la moelle très-diverses. Les travaux modernes ont commencé à débrouiller ce chaos en séparant : 1° la sclérose des cordons postérieurs (*ataxie locomotrice progressive*) ; 2° la *sclérose en plaques*. Quant aux autres maladies, appelées encore myélites chroniques, elles n'ont pas un cortége symptomatologique assez précis pour qu'il nous soit possible d'établir un parallèle entre elles et la sclérose en plaques.

moteurs dérivent d'une véritable parésie ou paralysie des membres inférieurs : dans l'ataxie, la paralysie n'est qu'apparente, les muscles des membres ont conservé, du moins à l'origine, toute leur énergie ; la faiblesse est due seulement à l'incoordination des mouvements, surtout marquée dans la station et la marche ; il y a asynergie des muscles et non paralysie réelle.

Dans la station debout, l'ataxique se sent d'abord moins solide sur ses jambes, il perd facilement l'équilibre, et si on lui ferme les yeux, il tombe ; pendant la marche, il projette ses jambes à droite et à gauche, d'une manière très-irrégulière, frappant fortement le sol du talon ; si on lui ferme les yeux, il perd la conscience de l'effort qu'il doit exiger de ses muscles dans les mouvements qu'il commande, ceux-ci sont plus désordonnés et le malade tombe : le désordre est bientôt tel que la progression et la station deviennent impossibles. Au milieu de ces troubles de la motilité, si le malade est couché, ses membres inférieurs exécuteront toutes sortes de mouvements avec une puissance musculaire considérable. Il serre de même les objets avec une grande force.

Dans la *sclérose en plaques*, il y a une parésie des membres inférieurs qui rend la marche de plus en plus pénible : le malade a de l'incertitude dans les mouvements, il a besoin d'un aide pour se soutenir, il titube à l'instar d'un individu ivre ; il y a ou il peut y avoir des vertiges ; cette marche chancelante n'est pas modifiée quand on lui ferme les yeux. La parésie faisant des progrès graduellement croissants, arrive à une véritable paralysie.

Quant à la sensibilité, elle est presque toujours intacte dans la *sclérose en plaques*, et ce n'est que très-exceptionnellement qu'on trouve un peu d'anesthésie ou d'hypéresthésie ; dans l'*ataxie*, au contraire, les troubles sont très-variés, et, en général, très-marqués ; il existe de l'anesthésie, de l'analgésie, une perversion de la sensibilité de la plante des pieds, telle que le malade croit marcher sur un sol inégal, sur du velours, du duvet, etc., alors qu'il est sur un parquet ; l'anesthésie peut atteindre les muscles, les articulations. La contracture, dernier terme de la sclérose en plaques, se voit, mais exceptionnellement, à la période ultime de certaines ataxies dans lesquelles la sclérose a gagné les cordons latéraux.

Les douleurs fulgurantes, affectant surtout les membres inférieurs, se rencontrent constamment dans l'ataxie, très-rarement dans la sclérose.

Quelques-uns des malades, dont nous rapportons l'histoire, ont, en effet, éprouvé des douleurs de ce genre. Nous citerons, à ce point de vue, le Dr Pennock qui durant quelque temps eut une sensation de constriction autour de la jambe. La malade de l'Obs. XV se plaignait de douleurs en ceintures sur lesquelles malheureusement les détails font défaut. Il en était de même encore de Joséphine L... qui fait l'objet du cas suivant.

OBSERVATION XVII.

SCLÉROSE EN PLAQUES DISSÉMINÉES (FORME CÉRÉBRO-SPINALE)

Affaiblissement des extrémités inférieures. — Tremblement survenant pendant l'exécution des mouvements. — Tendance à cou-

rir. — *Embarras de la parole.* — *Mort par pneumonie.* — *Plaques multiples de sclérose des divers centres nerveux.* (Communiquée par M. CHARCOT) (1).

Marie-Elisabeth L..., célibataire, 41 ans, domestique, en Belgique, entre à l'infirmerie de la Salpêtrière, le 22 août 1863. *Père* mort à l'âge de 68 ans, hydropique; *mère* morte à 52 ans; il lui reste des sœurs qui se portent bien. — Elle-même n'a jamais eu aucune maladie; ses règles ont commencé à 13 ans et demi, cessaient alors pendant six mois, mais sont depuis cette époque jusqu'aujourd'hui parfaitement régulières quoique peu abondantes.

Le début de son affection actuelle remonte à six ans. La malade avait alors 35 ans. Elle s'aperçut qu'après une course faite de Montmartre à la Bastille, elle commençait à aller de travers comme quelqu'un en état d'ivresse. Deux ou trois mois après, le tremblement a commencé, surtout du côté gauche, dans le bras aussi bien que dans la jambe. C'était dans l'hiver, et cela ne l'empêcha pas de continuer jusqu'au mois d'août. Elle quitta alors sa place et séjourna six mois dans son pays.

En revenant, la malade reprit de nouveau son service pendant deux ans, de février 1860 à 1862, et suivit pendant ce temps un traitement qui consistait en sous-carbonate de fer, bains sulfureux, mais sans aucun effet. Le tremblement devenait toujours plus fort et elle commençait à courir. En même temps ses forces diminuaient, il lui devenait impossible de faire une longue course. — Le tremblement de la tête commençait maintenant à se manifester.

16 *juin* 1865. — La malade est aujourd'hui dans l'impossibilité de marcher. — Assise dans un fauteuil, elle tient son tronc courbé, la tête penchée en avant; ses réponses sont claires et nettes, sa mémoire est intacte; aucun de ses sens n'a éprouvé d'altération. Mais l'articulation des paroles devient très-difficile depuis deux mois, de sorte que l'on a quelquefois de la peine à la comprendre. — Si la tête est appuyée, les mains soutenues, aucun tremblement n'est vi-

(1) Empruntée à la thèse de M. Ordenstein.

sible. *Mais du moment qu'elle veut prendre quelque chose*, du moment seulement qu'on la fait parler pendant quelques instants, *des oscillations rhythmiques dans le bras et la tête commencent à se manifester*. Un phénomène singulier chez cette malade est encore l'impulsion qu'elle éprouve de pencher son tronc en avant, d'étendre les mains comme pour saisir quelque chose ; nous sommes portés à voir dans ces mouvements les traces de l'ancienne propulsion à courir. Du reste, il n'y a aucun symptôme dont la malade se plaigne ; pas de céphalalgie ; le sommeil est bon.

La vue est encore dans un assez bon état, la malade est capable de lire en fermant l'œil droit, qui est le moins affaibli. Nystagmus très-prononcé. Actuellement la malade se plaint de douleurs de tête, avec lourdeur après le repas ; c'est surtout à ce moment que se montrent les troubles de la vue. Douleurs en ceinture, pas de douleurs dans les membres. Douleurs de reins. Quelques étourdissements et vertiges. Intelligence parfaitement saine. Parole un peu lente, mais claire et bien articulée. Rien dans la poitrine, ni au cœur. Appétit un peu diminué. Constipation habituelle. Cependant, la malade peut aller à la selle sans lavement. Tantôt rétention d'urine, tantôt urines involontaires. Menstruation régulière, jusqu'à son entrée à la Salpêtrière ; depuis, elle est moins abondante et d'une durée moindre.

Aucun tremblement n'existe à l'état de repos, mais il se montre quand on a fait exécuter des mouvements à la malade. On la fait écrire, et les lettres qu'elle trace en témoignent suffisamment.

24 *juin*. — On commence le traitement par le nitrate d'argent : deux pilules de 0,01 par jour.

26 *juin*. — Elle se plaint que les pilules lui ont produit de l'agitation et des étourdissements.

28 *juin*. — Les étourdissements qui avaient encore augmenté la veille cessent aujourd'hui.

30 *juin*. — A eu des crampes très-douloureuses dans les jambes cette nuit ; ce matin, elle se trouve dans son état ordinaire.

24 *juillet*. — A eu des secousses très-fortes dans les jambes, la nuit et le matin.

2 *juillet*. — La malade trouve qu'elle va mieux à la selle. Le tremblement n'est pas modifié, l'écriture est toujours aussi mauvaise. Le pincement de la peau du pied détermine des mouvements réflexes très-prononcés dans toute l'étendue du membre inférieur qui est agité d'un soubresaut. On prescrit quatre pilules.

9 *août* 1865. — La malade a continué à prendre quatre pilules. Elle n'éprouve plus guère de soubresauts dans les membres inférieurs quand elle a pris ces pilules. Il y a, sous plusieurs rapports, une amélioration évidente. On voit d'abord que l'écriture est moins mauvaise. La malade avoue moins trembler. Elle garde à présent ses urines. Son lit est encore mouillé cependant quelquefois; elle est moins constipée et ne fait plus au lit, a mieux la sensation du besoin d'aller; embarras de la parole un peu diminué, moins de tremblemént des mains. Ainsi, elle a acquis :

1° Quelques mouvements du pied droit, adduction, abduction ; plie un peu le genou, mais ne peut pas encore détacher son talon du lit;

2° Quelques mouvements de latéralité du pied gauche, lesquels n'existaient pas du tout; ne peut aucunement mouvoir le genou gauche;

3° Par le chatouillement de la plante du pied droit, mouvements réflexes convulsifs dans toute l'étendue du membre. Exagération convulsive (sorte de tremblement) de tous les mouvements qu'elle exécute spontanément. A gauche, quelques mouvements réflexes des muscles de la jambe et du pied. Ces mouvements réflexes à droite et à gauche se prolongent un peu après l'excitation. La malade dit être plus sensible quand on la chatouille. Pas de liseret argentique.

Dans une note, ajoutée de souvenir par M. Charcot, nous trouvons encore les indications suivantes, qui résument très-bien son état et ajoutent des renseignements sur une époque plus avancée de l'affection.

Elle était prise de tremblement des mains lorsqu'elle voulait s'en servir, et aussi de la tête, lorsqu'elle voulait se lever sur son séant; voulait-elle s'assoir sur son lit, elle tremblait manifestement de toute la partie supérieure du corps ; mais, en dehors de cela, pas de tremblement. — Un peu d'embarras de la parole, dû évidemment à la langue ; elle scandait les mots, mais aucune trace d'aphémie ; intelligence parfaite. — En général amaigrie ; les membres le sont aussi, mais pas d'une manière extrême. Ils ne sont pas flasques, ils ne retombent pas quand on les soulève. Il y a une certaine tonicité dans les muscles qui fait que, pour fléchir les membres, on éprouve une certaine résistance (peu accusée) ; mais on ne peut pas dire qu'il y ait en réalité contracture. — En somme, les deux membres inférieurs sont dans l'extension, les pieds étendus sur les jambes, et un peu de résistance à la flexion. — Dans les bras, incertitude comme choréiforme des mouvements, mais pas de roideur, pas de contracture.

Dans l'intelligence, un peu de stupeur habituelle et comme d'hébétement. Sensibilité parfaitement intacte ; le froid, le chaud, etc., sont très-bien perçus. — Faibles mouvements spontanés d'un des pieds, doigts des pieds, mais voilà tout ; en dehors de cela, elle est impuissante. Pas de mouvements réflexes par le chatouillement de la plante des pieds. Pas de strabisme ; œil un peu hagard. — Enfin, dans les derniers temps, les jambes étaient roides d'une manière constante, et surtout la droite. Elle ne pouvait tenter un mouvement de la tête, pour boire par exemple, sans que survînt un tremblement de tout le corps. Elle ne pouvait plus se servir des mains à cause de ce tremblement.

Le traitement par le nitrate d'argent avait amené une amélioration, mais qui n'était que passagère. A la fin du mois d'avril, elle est atteinte d'une pleurésie à droite dont elle se remet encore. Mais au mois de juin, une eschare énorme se produit au sacrum ; la malade s'affaiblit progressivement et succombe le 17 juin 1866.

AUTOPSIE. — *Cœur* petit, sans altération, pas de tubercules pulmonaires, rien d'apparent dans les autres organes.

Cerveau. Rien aux méninges cérébrales, rien à la substance grise des circonvolutions. Mais on trouve des plaques comme cicatricielles, grises, de sclérose, des parois ventriculaires qui, en quelques points, ont un centimètre d'épaisseur. On trouve une coloration noire, couleur de sépia, des plexus choroïdes, des ventricules et aussi du quatrième ventricule, mais pas des méninges (produit par le nitrate d'argent) ; peut-être un peu de sclérose des parties centrales du nerf optique.

Protubérance. Deux plaques de sclérose des deux côtés de la ligne médiane, vérifiées par le microscope ; des corps granuleux sur les vaisseaux. D'autres se trouvent sur les pyramides antérieures, trois tellement rapprochées sur l'olive gauche que celle-ci a disparu. L'hypoglosse à gauche et le moteur oculaire externe du même côté ont paru un peu altérés, les autres nerfs de la base ne présentent aucune modification.

Moelle. Les renflements, en général, sont effacés ; et quant à la sclérose, on peut la dire générale sur les cordons antéro-latéraux. En certains points de la région cervico-brachiale, tous les cordons sont pris ; un peu plus bas, les cordons antérieurs et postérieurs se dégagent en partie au moins ; plus bas, à la région du dos, les cordons se dégagent de plus en plus, et enfin, à la région lombaire, il n'y a plus que les cordons latéraux qui soient pris d'une manière inégale. Aussi la sclérose, en avant à peu près générale, ne porte sur les cordons postérieurs que de place en place et atteint son plus haut développement sur les cordons latéraux. — Il y a très-peu de signes de *méningite spinale ;* cependant, en bas et en arrière, dans la région lombaire, on trouve des plaques blanches. — Les *racines antérieures* ont paru saines en général, çà et là quelques-unes grises ; racines *postérieures* en général petites, çà et là quelques-unes grises.

Les troubles céphaliques peuvent exister dans les deux affections, mais ils présentent des différences très-tranchées : Dans la sclérose, ils consistent en des troubles passagers de la vue, de la diplopie, de l'embarras de la parole, de la céphalalgie, surtout en des vertiges ; ce dernier phénomène, si fréquent dans la sclérose en plaques, est presque tout-à-fait étranger à l'ataxie ; —

dans celle-ci, en revanche, on observe un affaiblissement de la vue, une amblyopie ou une amaurose plus ou moins complète, temporaire d'abord, devenant, plus tard, permanente; d'autres fois, il y a une paralysie des nerfs moteurs oculaires communs, alors chute de la paupière supérieure, strabisme externe, dilatation de la pupille, ou de l'oculaire externe et dans ce cas, strabisme interne; cette paralysie transitoire chez les uns, est définitive chez les autres.

— Longtemps mélangée dans une même description avec la *paralysie agitante*, la sclérose offre des lésions anatomiques qui lui sont propres, et un ensemble symptomatique qui, malgré la ressemblance de certains phénomènes communs à ces deux affections, peut facilement les faire distinguer.

La *sclérose en plaques* présente un substratum anatomique qui est caractéristique, tandis que les lésions dans la *paralysie agitante* ne sont pas appréciables à l'œil nu. Les cas décrits sous le nom de *paralysie agitante* et dans lesquels des lésions avaient été signalées, doivent être rapportés soit à la sclérose, soit à d'autres affections des centres nerveux, la véritable lésion de cette maladie étant encore à trouver (1).

Comparons maintenant les symptômes que l'on observe dans ces deux maladies. Le début présente quelques analogies : nous trouvons dans l'une et l'autre, de l'engourdissement, des fourmillements dans les membres

(1) Voir dans la *Gazette des hôpitaux*, la leçon de M. Charcot sur la paralysie agitante (1869, 29 avril et 25 mai).

pendant un temps variable. Dans la paralysie agitante, le début est souvent brusque, et la maladie s'accentue par le tremblement; dans la sclérose, le début est d'ordinaire graduel et le tremblement succède toujours à la parésie.

Le caractère fondamental du *tremblement*, dans la sclérose en plaques, *est de n'apparaître que dans les mouvements intentionnels :* au repos, on ne remarque rien de particulier, mais sitôt que le malade, spontanément ou obéissant à l'ordre qu'on lui donne, veut exécuter un mouvement, aussitôt ce symptôme paraît avec netteté. Il commence par les membres inférieurs, gagne les supérieurs et la tête. Le globe oculaire est agité de mouvements oscillatoires en divers sens (*nystagmus*), symptôme important, car il est consigné dans toutes les observations recueillies dans ces derniers temps. La langue, elle-même, offre des phénomènes semblables, ce qui impose à la parole un caractère spécial : le malade *zézaie, scande ses mots.*

Dans la paralysie agitante, le tremblement commence ordinairement par l'un des membres soit supérieurs, soit inférieurs et s'étend ultérieurement ; il peut arriver quelquefois que la tendance à trembler soit généralisée d'emblée, mais le plus souvent, elle ne le devient qu'au bout d'un temps plus ou moins long : *le malade tremble alors incessamment ;* le sommeil, le chloroforme font cesser le tremblement ; il en est de même quand on change le membre de place pour le faire reposer sur un plan solide, mais dans ce cas, la trémulation reparaît 10 à 20 secondes après. Enfin, si on observe parfois un tremblement de la langue, bien différent d'ailleurs de celui qui se voit dans la sclérose en plaques, *jamais on n'a noté de nystagmus.*

Dans les deux affections, une émotion morale, un effort physique (marche, préhension) augmentent le tremblement.

Si, dans la sclérose en plaques, la parésie des membres inférieurs est incomplète, le malade a une marche incertaine, titubante : la titubation peut bien s'expliquer par le tremblement seul qui imprime aux membres des secousses en divers sens.

Dans la paralysie agitante, le malade marche lentement d'abord, puis, après quelques pas, il se met à courir comme si telle était son intention. Les genoux fléchis, le tronc penché en avant, les bras appuyés sur le ventre ou sur les lombes ; la progression est sautillante, précipitée, et le malade perdant l'équilibre à chaque instant, est obligé de courir après son centre de gravité qui lui échappe constamment (Trousseau.) D'autres fois, il y a une tendance au recul.

Après plusieurs années, on voit dans la paralysie agitante, les diverses parties du corps prendre des attitudes spéciales : c'est surtout à la main que l'on constate une déformation caractéristique simulant celle du rhumatisme articulaire chronique primitif décrite par M. Charcot. « Au premier degré, les doigts allongés, fléchis sur « le métacarpe et rapprochés du pouce, ont l'attitude « qu'a la main, lorsqu'elle tient une plume ou prend une « prise de tabac. Peu à peu, cette tendance augmentant, « les premières phalanges des quatre doigts se rappro-

« chent du pouce et de la paume de la main et se trouvent « à la fin complètement infléchies dans cette dernière. « Les deuxièmes phalanges, par contre, se trouvent « dans un état d'hyperextension permanente sur les pre- « mières et les troisièmes, enfin, dans un léger degré « de flexion sur les secondes. » (Ordenstein, thèse.)

Dans la sclérose en plaques, la contracture amène aussi une attitude spéciale, mais, elle est bien différente de celle que nous venons de signaler. Dans les membres supérieurs c'est, en général, l'extension qui domine; cependant, les doigts peuvent être quelquefois fléchis dans la paume de la main, et l'extension est alors impossible. L'avant-bras est tantôt étendu, tantôt fléchi sur le bras, et il peut arriver que tout mouvement spontané opposé à celui de l'attitude ne puisse avoir lieu.

Dans les deux affections, la sensibilité est ordinairement intacte; parfois elle est un peu augmentée ou diminuée. L'intelligence, la mémoire conservent une assez grande netteté, mais dans la sclérose en plaques, à une époque avancée, les malades offrent souvent un état de stupeur, et les fonctions intellectuelles semblent ne s'exercer qu'avec lenteur (1).

En traçant l'historique de la *sclérose en plaques*, nous

(1) Les indications précédentes sont relatives à la *paralysie agitante* arrivée à sa deuxième période, c'est-à-dire lorsque le tremblement a envahi plusieurs membres. Il ne s'agit nullement, là, du diagnostic de la paralysie agitante à son début. Alors, le tremblement, en général, est limité à un membre, parfois même est si léger qu'il échappe au malade et même au médecin non prévenu. Nous avons comparé les deux maladies lorsqu'elles sont parvenues à ce que l'on pourrait appeler leur période d'état.

avons avancé que, maintes fois, des cas de cette maladie avaient été publiés sous le titre de *Paralysie agitante*, bien que les lésions et même les symptômes fussent parfaitement ceux qui caractérisent la sclérose en plaques. En voici un exemple dont malheureusement nous ne connaissons qu'un résumé.

OBSERVATION XVIII

SCLÉROSE EN PLAQUES DISSÉMINÉES (FORME CÉRÉBRO-SPINALE).

Vertiges. — *Douleurs céphaliques.* — *Tremblement.* — *Mort.* — *Lésions.* (Obs. de SKODA, *Canstatt*, d'après *Vien. med. Halle*, *III*, 13. 1862.)

Une femme de 34 ans, était atteinte depuis deux ans de vertiges, de douleurs à la tête et au sacrum, et de faiblesse croissante des extrémités inférieures, faiblesse qui cédait au repos. A cela, s'ajouta un tremblement progressivement croissant de la main droite, et bientôt aussi de la gauche; il ne se manifestait que pendant les mouvements volontaires, et cessait pendant le repos. La sensibilité de la peau était peu affaiblie, la vue bonne, la parole un peu bredouillante, l'intelligence libre, les excrétions urinaire et fécale normales, sauf de fréquentes envies d'uriner. Cet état persiste quatre mois sans se modifier : alors la malade est prise de la petite vérole et succombe.

AUTOPSIE. — *Cerveau* ferme, fortement injecté, pie-mère infiltrée de sérum. La paroi des ventricules, la voûte à trois piliers, le pont, la moelle allongée, et la moelle épinière sont remarquablement dures. Les deux nerfs optiques sont durs et aplatis. En quelques endroits opaques, rougeâtres du cerveau, les éléments nerveux sont détruits par du tissu conjonctif embryonnaire; dans le pont et la moelle, il y a prolifération du tissu connectif et oblitération des vaisseaux. Les muscles sont fortement graisseux, le névrilème des nerfs des membres inférieurs épaissi.

« Skoda, dit le rapporteur de ce cas, M. Barwinkel, fait des remarques détaillées sur le défaut de rapport entre l'intensité des symptômes et les résultats de l'autopsie. » — D'après l'état des muscles et l'absence de tremblement en dehors des mouvements musculaires, le rédacteur croirait volontiers qu'il ne s'agissait pas là d'une paralysie agitante véritable, mais d'une inflammation musculaire chronique (?).

La *chorée*, au premier abord, présente des ressemblances avec la sclérose en plaques, mais ces ressemblances ne sont qu'éloignées.

La caractéristique du tremblement dans la sclérose en plaques, nous l'avons dit plusieurs fois déjà, est de ne paraître que dans les mouvements intentionnels; — dans la chorée, les gesticulations ne se montrent pas seulement à l'occasion des mouvements voulus, elles surviennent involontairement, le malade étant au repos. Malgré lui, il grimace, tire la langue, meut ses bras d'une manière bizarre, tout involontaire, ce qui n'arrive jamais dans la sclérose en plaques. Le malade atteint de sclérose en plaques peut arrêter toute manifestation de mouvements désordonnés : il lui suffit de s'abstenir de tout mouvement. De plus, le mouvement considéré dans les divers temps de son accomplissement conserve, pour ainsi dire, sa direction générale, il est modifié seulement par les oscillations incessantes, plus ou moins prononcées, mais toujours à peu près uniformes du tremblement. Dans la chorée, il est souvent interrompu subitement et complétement par des mouvements asynergiques qui en changent la direction, et font manquer le but. (Charcot, *leçons cliniques.)*

Dans la sclérose, la parésie précède le tremblement; — dans la chorée, au contraire, l'affaiblissement de la motilité des membres inférieurs et supérieurs se montre après le désordre des mouvements.

Débutant par les membres inférieurs dans la sclérose, les mouvements anormaux commencent, dans la chorée, par l'un des bras, puis s'étendent au visage, au tronc, et aux membres inférieurs.

Dans la chorée, la démarche consiste en espèces de glissades, d'enjambées, de sauts irréguliers, le corps se projette en tous sens, tandis que dans la sclérose, elle est seulement incertaine, titubante.

Ajoutons enfin que dans la chorée, il y a un changement notable du caractère qui devient bizarre et irritable ; la physionomie, l'allure du choréique rappellent celles des enfants, la mémoire diminue, le malade ne peut plus fixer son attention, il a des hallucinations souvent limitées au sens de la vue, s'étendant rarement à la sensibilité générale et au sens de l'ouïe. Enfin la chorée affecte surtout les enfants, les adolescents, tandis que la sclérose est plutôt une maladie de l'âge adulte ; la première est souvent liée au rhumatisme qui ne paraît pas jusqu'ici coïncider avec la sclérose en plaques.

— Tout ce que nous avons dit du tremblement de la sclérose en plaques nous permettra d'être bref dans la distinction de cette affection et des tremblements sénile, alcoolique et mercuriel.

— Le *tremblement sénile*, son nom l'indique, est le plus

souvent l'apanage de l'âge avancé ; la sclérose n'a été vue d'une façon à peu près absolue que chez les sujets de la période moyenne de la vie. D'un autre côté, le tremblement sénile est presque permanent ; il débute communément par la tête, gagne les lèvres, le menton, la langue, les membres.

— Le *tremblement alcoolique*, n'apparaît d'abord que par intervalles, plus marqué le matin au réveil, diminuant après l'ingestion d'une certaine quantité d'alcool. Les mains sont les premières parties affectées, puis les bras les jambes, la langue, les lèvres se prennent à leur tour ; la parole, entravée d'abord, peut devenir inintelligible ; elle est hésitante, embarbouillée, mais non scandée, zézayante comme dans la sclérose en plaques. A mesure qu'il s'accroît, le tremblement se complique d'un affaiblissement musculaire se développant généralement avec lenteur, d'une façon progressive. Quelquefois il apparaît assez subitement après un accès de *delirium tremens* ou à la suite d'une affection aiguë. Un caractère presque constant, c'est qu'il débute d'abord par les membres supérieurs.

Quant aux autres symptômes, les divergences sont encore plus tranchées. L'alcoolique est sujet aux vertiges, à l'insomnie, aux hallucinations, il a des troubles de la vision (flammes, étincelles, mouches volantes etc.), de l'amblyopie dégénérant quelquefois en une véritable amaurose. Il a de la difficulté dans les conceptions, de la lenteur des idées, la mémoire est altérée, il finit par tomber dans un état d'hébétude, d'abrutissement complet.

— Le *tremblement mercuriel*, ne se déclare que chez les

ouvriers travaillant le mercure; son origine est donc bien connue; commençant par les membres supérieurs, il se remarque ensuite dans les inférieurs, la marche devient impossible, le malade ne peut plus se livrer à aucun travail manuel, il a le teint pâle, il est languissant. Le tremblement est constant, bien qu'il s'exagère dans l'exécution des mouvements précis exigeant le concours de la volonté; relativement au tremblement de la sclérose en plaques, il est d'une courte durée, et si le malade ne s'expose pas aux mêmes influences que précédemment, la guérison est, en général, la règle. Le tremblement, chez l'individu intoxiqué par le mercure, consiste en des mouvements vibratoires, très-limités; à la main, par exemple, les doigts semblent osciller autour d'une ligne qui passerait par le médius; le tremblement envahit souvent d'emblée tous les membres. Jamais il n'y a de nystagamus.

— Dans la *paralysie générale* et la sclérose en plaques, il y a de l'embarras de la parole et du tremblement des extrémités. L'embarras de la parole chez le paralytique général consiste en un arrêt pour ainsi dire subit soit au milieu d'une phrase, soit même au milieu d'un mot; à cela s'ajoute du bredouillement. Souvent le paralytique général n'a pas conscience de ces perturbations; bien plus, si on vient à le lui faire remarquer, il s'irrite. Ce n'est pas ce que l'on observe dans la sclérose en plaques. Outre que le malade sait que sa langue n'obéit pas à sa volonté, les troubles de la parole sont différents: il zézaie, il — scande — ses — mots. Jamais, à l'exemple du paralytique général, il ne parle avec volubilité. Quant au tremblement, les dissemblances ne sont pas moins frappantes. Ce symptôme, chez le paralytique général de même que dans le tremblement alcoolique et le tremblement sénile est continu, se compose de petites secousses, tandis que dans la sclérose en plaques il a une amplitude plus grande, est plus localisé, n'occupe que la tête ou l'un des membres ; enfin, il est temporaire, c'est-à-dire ne survient que dans les mouvements intentionnels.

Il est des cas où la paralysie générale se complique de phénomènes ataxiques, ou survient après des manifestations relevant de l'ataxie locomotrice progressive. Ces cas sur lesquels ont insisté MM. Westphal et Baillarger ont été l'objet d'une récente étude de M. Magnan. Dans d'autres circonstances, il peut s'adjoindre aux lésions de la paralysie générale des lésions des cordons antéro-latéraux ; plus tard même, il n'y a rien d'étonnant à ce que l'on observe des plaques de sclérose chez un paralytique général. Il nous suffit de mentionner ces coïncidences pour faire comprendre qu'avec un peu d'attention, il sera aisé de séparer ces cas complexes de la sclérose en plaques et de faire la part symptomatologique de chacune des lésions.

CHAPITRE VI.

Étiologie.

Age. — Relativement à ce point, nous essaierons d'indiquer autant que possible l'âge des malades au moment de l'invasion de la sclérose. Avec les faits actuels, nous ne pouvons avoir que des notions approximatives. Plus tard, il est probable que l'époque de l'invasion sera indiquée plus exactement, la nature de la maladie, ses symptômes étant maintenant mieux connus.

En second lieu, nous consignerons l'âge des malades au moment de la mort; cette manière de procéder nous permettra ultérieurement d'établir la durée de la maladie d'une manière plus certaine.

Les 18 cas de sclérose en plaques sur lesquels repose notre travail se répartissent de la façon suivante :

Début probable de la maladie.

	15 à 20 ans.	21-25.	26-30.	31-35.	36-40
Hommes :	1	0	1	0	0
Femmes :	1	2	6	3	3

Nous manquons de renseignements en ce qui concerne le cas du docteur Pennock. D'après ce tableau, ce serait dans la période de la vie comprise entre vingt-six et trente-cinq ans que la sclérose se montrerait le plus fréquemment. Nous trouvons, en effet, treize cas.

Age des malades à la mort.

	22 ans.	34 ans.				
Hommes :	1	1				
	20-25	30-35	36-40	41-45	46-50	51-55
Femmes :	1	4	4	2	2	1

Ce serait donc entre trente-cinq et cinquante ans que la mort surviendrait le plus souvent. Pas de renseignements dans le cas de Pennock.

Sexe. — D'après les tableaux ci-dessus, sur nos dix-huit malades, nous avons 15 femmes et 3 hommes.

Au premier abord, et en se basant sur les faits publiés, les femmes seraient donc plus prédisposées à la sclérose en plaques que les hommes. Toutefois nous devons reconnaître que plusieurs des médecins qui se sont occupés de la sclérose en plaques sont, ou étaient attachés à des établissements réservés aux femmes. Dans l'avenir, cette proportion sera peut-être modifiée.

Professions. — Sous ce rapport, nous trouvons : un médecin, un étudiant en théologie, un instituteur, une institutrice, une pianiste, trois couturières, trois domestiques, une maraîchère, une marchande de fleurs. — Trois malades n'exerçaient aucun métier, et nous ne trouvons aucun détail sur deux malades. Inutile de dire que nous ne mentionnons la profession des malades qu'à titre de renseignement.

Tempérament. — Autant qu'on peut en juger par la lecture des observations, plusieurs des malades avaient éprouvé durant leur existence des accidents névropathiques (hystérie, mélancolie, migraines, etc.)

Causes morales. — C'est principalement lorsqu'il s'agit de l'influence des causes morales que les documents font défaut. Cette lacune est d'autant plus grande pour la sclérose en plaques que cette affection est de date récente. Ainsi, dans onze cas, nous ne trouvons rien de précis : une fois, la maladie aurait débuté après une peur vive ; trois fois, elle aurait été précédée de chagrins domestiques. Pennock, l'étudiant en théologie cité par le docteur Leo, sont tombés malades après un travail intellectuel prolongé.

Causes physiques. — Les excès alcooliques ne paraissent avoir eu d'influence que dans une seule circonstance. La malade citée par M. Vulpian dans son mémoire éprouva les premiers symptômes consécutivement à une chute. Quelquefois l'action des causes morales paraît avoir été accompagée de causes physiques (fatigues, habitation dans des lieux humides).

La *grossesse* semble également avoir joué un rôle assez important (trois fois). Chez une malade de M. Charcot, aux fatigues de la grossesse, s'ajoutèrent des chagrins prolongés.

Hérédité. — Rien de positif sur l'hérédité directe ; notons cependant que le père de l'une des malades Obs. XIX) fut pris de tremblement de la tête, à l'âge de cinquante ans.

Dans la famille de quelques autres malades, nous trouvons signalés des accidents hystériques, apoplectiques et paralytiques; enfin, dans la majorité des cas, il n'y avait, d'après les observations, chez les ascendants, aucun accident nerveux.

CHAPITRE VII

Pronostic. — Traitement.

Le *Pronostic* peut être considéré comme étant fort grave. Malgré les oscillations qu'elle a présentées dans sa marche, la maladie ne s'est jamais arrêtée dans son évolution progressive. Tous les cas connus jusqu'à ce jour se sont terminés par la mort, et l'on a encore à redouter les complications qui surviennent si fréquemment et ajoutent à la gravité déjà si grande de l'affection.

— Au point de vue du *traitement*, on ne trouve rien dans l'histoire des malades qui mérite une mention particulière. Les tentatives faites par M. Charcot n'ont pas été heureuses. Le chlorure d'or employé par M. Vulpian dans quelques cas a paru plutôt exaspérer les symptômes. Il en a été de même pour le phosphure de zinc que nous avons vu donner, par M. Charcot, à l'une des malades (Obs. XIV). La strychnine, administrée dans cinq cas, a paru un peu utile dans trois cas: elle a modifié quelquefois le tremblement pendant un temps plus ou moins long; mais l'influence de ce médicament n'a pas été de longue durée. M. Piorry a prescrit, concurremment avec la strychnine, l'électricité et a obtenu une amélioration transitoire (Obs. XVI, p. 151). On peut en dire autant du nitrate d'argent qui a amené quelquefois un amendement notable, mais également passager. Le nitrate d'argent produit de l'amélioration surtout au début de l'affection, il a pu modifier heureusement le tremblement dans quelques cas, mais quand ont paru les contractures et les autres phénomènes spasmodiques, il exaspère plutôt ces symptômes et l'on doit bientôt renoncer à l'emploi de ce remède. Dans l'observation ci-après, le nitrate d'argent a été ordonné sans avantage, et même, au bout de quelque temps, on a dû le suspendre.

OBSERVATION XIX.

SCLÉROSE EN PLAQUES DISSÉMINÉES (FORME CÉRÉBRO-SPINALE.)

Affaiblissement des membres inférieurs après une couche, en 1855. — *Développement très-lent de tous les symptômes.* — *Douleurs violentes des membres.* — *Tremblement se montrant depuis huit ans, ainsi que l'embarras de la parole, le premier ne se manifestant que pendant les mouvements.* — *Contracture permanente des membres arrivant peu à peu.* — *Accès de raideur spasmodique.* — *Pneumonie caséeuse, tubercules pulmonaires.* — *Sclérose du cerveau et de la moelle* (communiquée par M. CHARCOT) (1).

Alexandrine Causse, lingère, 32 ans, admise à la Salpêtrière le 31 octobre 1862, est entrée à l'infirmerie (salle Sainte-Rosalie, n° 7, service de M. CHARCOT), le 25 mars 1863. — La malade est à Paris depuis environ dix ans ; jusqu'à l'âge de huit ans, elle est restée chez son père, qui était cuisinier, maître d'hôtel, et qui est mort à soixante ans, probablement d'un cancer de l'estomac (vomissements noirs). Sa mère, bien portante, existe encore, n'a aucune maladie nerveuse, tandis que son père tremblait de la tête depuis l'âge de cinquante ans. Il n'était pas buveur, et attribuait son tremblement au charbon. Elle a eu treize frères et sœurs dont elle est la septième. Elle en a encore huit, et n'a pas entendu dire qu'il y ait eu parmi

(1) Empruntée à la thèse de M. Ordenstein.

eux de maladies nerveuses. Réglée à treize ans et demi, la malade avait vingt-deux ans quand elle a quitté Lyon; elle gagnait alors trente sous et était nourrie; travaillait dans les maisons bourgeoises et habitait chez ses parents. A la suite, dit-elle, d'avoir porté une robe mouillée, elle a eu huit jours de la fièvre et du malaise, puis de l'humeur à la tête (suintement des croûtes) pendant deux mois; elle avait alors treize ans; six mois après eut lieu le début de ses règles. A vingt ans, elle a eu à Lyon une fièvre typhoïde qui a duré deux mois. A peu près deux ans plus tard, la malade est venue à Paris, chez un de ses parents. En 1855, elle accouche, et c'était au quatrième mois de sa grossesse qu'elle était allée à Lyon pour y accoucher. Ayant eu de grandes discussions avec sa mère, elle était allée chez une sage-femme. Son enfant a sept ans et est bien portant. Pas de convulsions dans sa couche, ni accidents; s'est levée quinze jours après, n'a point essayé de nourrir son enfant. Après être restée quinze jours chez la sage-femme, au moment de se lever, ses jambes faiblissaient, et elle ne pouvait se tenir convenablement; même remarque la première fois quand elle est allée à la messe, elle chancelait. La malade prétend que, pendant les deux premières années, elle avait seulement de la faiblesse dans les jambes qu'elle traînait, mais sans les jeter. La tête, au début, tournait; elle ne voyait pas, voyait double. Elle a encore aujourd'hui la même altération de la vision. D'après ses renseignements, les étourdissements, la faiblesse des jambes, la céphalalgie, la diplopie auraient débuté pendant le cinquième mois de sa grossesse. La malade est restée six mois à Lyon après sa couche. Déjà alors elle ne pouvait plus travailler et était à peine capable d'écrire. Elle n'osait plus sortir seule, car elle serait tombée dans la rue par la faiblesse des jambes; une seule personne suffisait pour la soutenir. Mentionnons encore que des douleurs siégeaient aux tempes, et que son sommeil était toujours calme; à la fin de 1855, elle revint à Paris chez sa sœur. Depuis cette époque, la marche n'était plus possible; l'embarras de la parole que nous constatons aujourd'hui ne s'est développé que depuis quatre ans, et le tremblement s'est manifesté vers la même époque. La menstruation, qui était revenue six semaines après sa couche, a continué à être régulière, sauf une légère interruption à la date de son entrée à la Salpêtrière. La faiblesse a fait des progrès incessants jusqu'à cette époque. Elle a séjourné six mois à l'hospice avant d'entrer à l'infirmerie. Il ne s'est rien passé de nouveau depuis cette période, sauf la suppression momentanée des règles.

État actuel de la motilité et de la sensibilité des membres, le 26 août 1863. — Membres inférieurs. — Douleurs dans les reins et les deux épaules. Aux reins des douleurs qui, de la ligne médiane, s'étendent dans la direction des fausses côtes, mais ne vont pas jusqu'à la partie antérieure; pas de sentiment de constriction. Douleurs dans les genoux, les talons, les épaules, la droite surtout; elles sont comme « si des chiens la rongeaient, » non continues, existent surtout la nuit, ce qui la réveille souvent, durent une demi-heure à trois quarts d'heure, viennent et disparaissent subitement. Cela la fait quelquefois crier et provoque des soubresauts dans les membres. Fourmillements dans les talons, sensation de lourdeur et d'engourdissement des membres, raideur dans tout le derrière du cou, rendant difficiles les mouvements de la tête. Les membres inférieurs sont amaigris; la malade ne peut ni se lever ni marcher depuis un an. Quand on la lève, soutenue par deux aides, ses membres s'embarrassent l'un dans l'autre et se raidissent. La station est impossible; elle se tient assise, mais ses membres s'allongent et se raidissent de même.

Couchée, elle lève ses membres inférieurs à un pied et plus au-dessus du lit, les fléchit, les étend, mais elle ne peut les tenir longtemps élevés sans appui, car alors ils sont pris d'oscillations de gauche à droite; elle a cependant conservé de la force, car on ne peut plier et étendre ses jambes malgré elle. La sensibilité au froid, à un léger attouchement, à la douleur, est parfaitement conservée. Les yeux fermés, il n'y a pas de perte de conscience musculaire; elle sait où sont ses membres, l'endroit qu'on touche.

Aux membres supérieurs, la sensibilité est bien conservée; ils ne tremblent pas au repos, quoiqu'il y ait un peu d'instabilité choréiforme. Avec les mains elle serre modérément fort. Un verre ne peut être porté à la bouche, à cause du tremblement que cela provoque, surtout dans la main gauche. Soit pour boire, soit pour manger, elle est obligée d'y mettre les deux mains, c'est-à-dire à l'aide de sa main gauche elle soutient sa main droite, et ainsi, tant bien que mal, elle peut boire et manger.

Aucun travail manuel ne peut être fait, excepté de la charpie ; il lui est impossible de coudre, ne pouvant mettre son dé sur son aiguille, mais elle peut tenir un objet dans ses mains (un livre) les yeux fermés et ne le laisse pas tomber. La vue est conservée, la lecture possible, mais le tremblement fait quelquefois fermer le livre malgré elle. Embarras de la parole, parle lentement, scande les mots. (Je - vais - à - la - selle - très - dif - fi - ci - lement.) Mais en somme, articule bien toutes les consonnes; aucune trace d'aphémie, mémoire très-bien conservée. Les mouvements de la langue sont libres dans tous les sens, mais une gouttière ne peut être faite. Peut-être un peu de strabisme externe de l'œil gauche, voit double seulement quand elle a lu beaucoup. Pupilles égales. Ne gâte jamais, urine bien deux fois par jour.

A partir du 26 août, elle prend deux pilules de nitrate d'argent, les 4, 6 et 7 septembre, de 1 centigramme ; elle éprouve, la nuit, une douleur sur le sommet de la tête. Le 6 septembre on prescrit quatre pilules de 1 centigramme chacune.

8 *septembre.* — Dit avoir ressenti, hier au soir, à six heures et demie, une heure et demie après avoir pris les pilules de nitrate d'argent, comme des coups dans la malléole externe droite, le coude et le poignet droits.

10 *septembre.* — Depuis trois jours, outre les douleurs dont il vient d'être question, elle éprouve de vives démangeaisons sur la peau des jambes, aux cuisses, aux bras et aux poignets ; cela est surtout violent de six à sept heures. On lui donne les pilules à quatre heures et demie ; il y a quelques papules prurigineuses sur les mollets, les genoux et le dos du pied.

14 *septembre.* —Grande céphalalgie au front et aux tempes tous les jours; sa tête tremble davantage, dit-elle.

Ces douleurs commencent le soir, durent la nuit, la réveillent de temps en temps, sans l'empêcher complétement de dormir, et persistent jusqu'à dix heures du matin. Des démangeaisons sont accusées, surtout à l'épaule, aux mollets et aux genoux, des deux côtés; l'épaule gauche et le genou droit sautent un peu; douleurs aux genoux et aux chevilles; commotion subite bornée au pied et au talon. Rien de changé dans la maladie, plutôt exaspération du tremblement et des douleurs.

23 *septembre.* — Depuis deux jours, la céphalalgie qui paraissait produite par le nitrate d'argent n'existe plus; elle a maintenant de la constriction dans les jambes, et aux mêmes endroits et à la tête, des démangeaisons si fortes qu'elle croyait avoir des poux. La maladie n'a pas été modifiée jusqu'à présent.

13 *août.* — Elle se plaint d'avoir, sans discontinuité, nuit et jour, un sentiment très-pénible de la tête, qu'elle compare à un point qui lui couvrirait la cervelle. Douleurs dans l'intérieur des oreilles. Démangeaisons sur tout le corps. Du reste, aucune modification apparente dans aucun des phénomènes de la maladie.

Ces phénomènes paraissent dus au nitrate d'argent, employé sans interruption jusqu'à ce jour. On le supprime à la demande de la malade.

12 *juillet* 1868. — Depuis l'époque de l'observation ci-dessus, rien de bien particulier ne s'est présenté; seulement, la malade s'est affaiblie progressivement, aucun traitement spécial n'a été mis en œuvre. Aujourd'hui, on constate ce qui suit : depuis quelque temps, la malade ne peut plus se servir de la main gauche; elle a beaucoup de peine, en s'aidant des mains, pour se soulever dans son lit, à l'aide de la corde. Elle soulève encore la main jusqu'à la hauteur de la tête, mais n'a plus la force de prendre ou tenir les objets. L'embarras de la parole a considérablement augmenté; il est très-difficile de comprendre ce que dit la malade; elle se plaint d'une douleur de tête permanente qui siége principalement à la nuque et sur le haut du crâne. Elle se plaint aussi de fourmillements insupportables dans l'épaule, d'un sentiment de traction dans le doigt annulaire de la main gauche, dans le poignet et le coude du même côté; sa douleur en ceinture persiste avec son ancien caractère. Elle ne peut plus soulever son membre inférieur droit à plus

de quelques centimètres au-dessus de son lit, le gauche ne peut plus être détaché du lit, les mouvements des doigts, des pieds sont conservés à droite, à gauche ils sont à peine sensibles; quant aux mouvements des pieds eux-mêmes, ils n'existent plus; les pieds sont dans l'extension sur la jambe.

La sensibilité est intacte aux membres supérieurs et inférieurs. La malade continue à aller à la selle et à uriner sans gâter. Quand elle veut boire, elle est obligée de se servir des deux mains et d'incliner fortement la tête; et encore, en raison du tremblement violent qui s'empare alors de la main, elle répand le plus souvent le liquide; elle ne peut avaler que par gorgées, la salive passe mieux que les liquides.

24 *juin* 1886. — Depuis l'époque de la dernière observation, il y a eu augmentation progressive de tous les symptômes, mais aucune modification fondamentale. La sensibilité des membres inférieurs, au chaud, au frais, au tact, est parfaitement conservée; le chatouillement de la plante des pieds est parfaitement senti et détermine des mouvements d'ensemble de ces deux membres.

État de la motilité des membres inférieurs. — Leur attitude est la suivante : extension générale, les pieds étendus sur les jambes et ne faisant qu'une seule ligne avec elles, les pieds ont en outre une tendance à l'adduction. Quand on soulève les membres inférieurs, on les enlève tout d'une pièce et ils retombent comme par un mouvement de ressort. On éprouve une certaine difficulté à fléchir le genou ainsi que les articulations de la hanche, surtout à droite. Cependant la malade peut elle-même fléchir la cuisse sur le bassin, la jambe sur la cuisse des deux côtés, mais surtout à gauche il y a une tendance à l'adduction dans les articulations des hanches, et quand on veut écarter les pieds, l'un de l'autre horizontalement, on éprouve une certaine résistance, et les deux membres se rapprochent comme un ressort qui se détend. Cependant, la malade peut elle-même écarter ses pieds l'un de l'autre, mais les mouvements sont bornés.

Les mouvements de flexion des cuisses et des jambes que la malade fait spontanément, deviennent parfois impossibles, parce qu'une grande rigidité qui dure quelquefois trois ou quatre jours, s'empare des membres et les tient dans une extension complète. Cette rigidité revenant par accès s'accompagne quelquefois de douleurs; la malade n'exécute alors que quelques légers mouvements d'adduction des pieds, de flexion et d'extension dans les orteils, mais peut vaincre la rigidité des pieds (1). Pas de traces de tremblement dans les membres inférieurs. Elle n'est pas gâteuse, se sert du bassin elle-même, est très-constipée, ne va pas à la selle sans prendre de pilules écossaises, et reste souvent huit jours sans y aller.

Membres supérieurs. — Ils sont amaigris dans leur ensemble, sans prédominance de l'amaigrissement de certains muscles, sans raideur, sans modification de la sensibilité dans toute leur étendue, d'une attitude naturelle. Quand la malade veut s'en servir, elle est prise d'un tremblement choréiforme qui l'empêche, par exemple, de porter un verre à la bouche sans le renverser. Elle casse fréquemment les objets dont elle se sert, elle ne porte la main à la tête qu'avec difficulté; quand elle veut s'asseoir, on remarque des mouvements choréiformes de la tête, et elle est forcée de se soulever sur les bras. De plus, il lui est impossible de s'en servir, à proprement parler, à cause d'une raideur du bassin sur lequel elle ne peut pas placer le thorax à angle droit. Rien de nouveau à noter, quant à l'état de l'intelligence et de la parole. Elle avale difficilement, les liquides lui reviennent par le nez.

1868. (Internat de M. Bourneville.) 8 *janvier*. Hier, dans l'après-midi, la parole est devenue très-embarrassée, plus zézayante que de coutume. Toutefois, depuis trois semaines environ, elle était moins libre, plus hésitante qu'auparavant. — *Mémoire* assez bonne. — La malade s'affecte facilement, pleure pour des motifs futiles. — Céphalalgie frontale, datant de quelques jours. — Vue normale; *nystagmus*. — Ouïe, nette.

Membres supérieurs. Douleurs habituelles, assez vives, venant par accès, siégeant dans les jointures, plus intenses à gauche. Ces

(1) Réexaminée le 16 novembre 1867, la raideur dans les articulations tibio-astragaliennes est devenue complète; les pieds, fléchis à angle obtus sur les jambes, gardent invariablement la même position et ne peuvent être ni fléchis ni étendus. Pas de tremblement.

douleurs, que la malade compare à des tiraillements, seraient plus pénibles depuis quelques jours. — Pas de contracture. — Au repos, la tête et les bras ne présentent rien d'extraordinaire; mais sitôt que Causse cherche à exécuter des mouvements, on voit surgir un tremblement tel que, en mangeant, elle renverse ses aliments. En même temps, la tête tremble, surtout latéralement. Pour boire elle est obligée d'employer les deux mains, et encore n'y arrive-t-elle qu'avec difficulté. Les deux membres supérieurs, le gauche qui, au dire de la malade est plus faible, tremble davantage. — *Sensibilité* intacte.

Membres inférieurs. Les jambes sont fléchies sur les cuisses, celles-ci sur le bassin; dépasser leur état de flexion ordinaire, les étendre, est à peu près impossible et ces manœuvres déterminent de la souffrance. — Douleurs dans les pieds et les genoux, en particulier à droite. — *Sensibilité* conservée.

Diminution de l'appétit depuis un mois, pas de vomissements; constipation ; ne pouvant se soulever, la malade va sous elle, tout en ayant conscience du passage des excrétions; amaigrissement depuis quelques semaines. — Ne tousse pas; point de palpitations cardiaques; pouls à 112. — *Règles* irrégulières et moins abondantes depuis un an; pas de leucorrhée. — Vers le 15 décembre dernier, elle s'est brûlée avec du bouillon, au niveau du grand trochanter droit (2e degré); la plaie, douloureuse, tend à se cicatriser. — Petite exulcération (24 décembre), sur la cuisse droite, près du pli interfessier.

10 *janvier*. *Dysphagie* aussi prononcée, bien qu'il n'y ait pas de rougeur à la gorge. — Douleurs par tout le corps: « ça-tire, » dit la malade. — Eschare de 3 centimètres de diamètre au sacrum. — L'auscultation de la poitrine ne peut se faire convenablement.

13 *janvier*. Décubitus dorsal. La dysphagie, les douleurs n'ont pas changé. — La *contractilité électrique* est normale des deux côtés, — jambes et bras. — La *contracture* des muscles fléchisseurs des membres inférieurs a progressé : les jambes sont presque collées sur les cuisses. *Eschare* au niveau du grand trochanter droit, au-dessus de la brûlure qui est guérie. — Pommettes rouges; assoupissement. — Respiration ronflante. P. 126; — R. 32.

19 *janvier*. État demi-comateux. Les eschares se sont agrandies rapidement. — Les *urines* ne contiennent ni sucre, ni albumine. — Causse meurt à 10 heures du soir.

État de la rigidité cadavérique, 10 heures après la mort : La rigidité est très-marquée dans tous les membres ; cependant, un peu moins à droite. 15 heures : rigidité médiocre à gauche ; nulle à droite. — 20 heures : *idem*. — 34 heures : rigidité nulle.

AUTOPSIE le 21 janvier à 10 heures. — *Tête*. Les os, surtout le frontal et l'occipital sont assez durs. Les sinus de la *dure-mère* sont distendus par des coagulums noirs. — Sérosité assez abondante. — Quelques dépôts fibrineux sur la *pie-mère* dont les veines sont dilatées et les artères non-athéromateuses ; légère injection. La pie-mère se détache facilement. — *Circonvolutions* : saines.

Lorsqu'on pratique diverses coupes sur le *cerveau*, on trouve la substance blanche parsemée de larges plaques grises de sclérose, plaques dont la coloration se rapproche de celle de la substance grise. Quelques-unes siégent sur les limites de la portion blanche des circonvolutions et s'arrêtent nettement au niveau de la couche corticale. Leurs dimensions varient, en général, de celles de la tête d'une épingle à une lentille ; certaines mesurent plusieurs centimètres : telle est, entre autres, une large plaque scléreuse qui a envahi la presque totalité du *septum lucidum* ; telle est une autre plaque qui recouvre la paroi externe du ventricule latéral gauche.

Sur la ligne médiane de la face antéro-inférieure de la *protubérance* existent deux plaques de sclérose. Notons encore une plaque au voisinage de l'origine du pneumo-gastrique gauche, — une autre plus large auprès du bulbe, — une troisième, allongée de 7 millimètres de longueur sur 2 de largenr sur la moitié droite de la protubérance, — une quatrième auprès du pédoncule cérébelleux supérieur, mesurant 1 centimètre sur 1/2 centimètre. A la coupe, plusieurs plaques.

Bulbe. Petite plaque à l'extrémité supérieure de l'*olive gauche* ; large plaque occupant toute la moitié supérieure de l'*olive droite* ; une autre, plus petite, en dehors, sur le cordon latéral.

Cervelet. Une section fait découvrir, dans la substance blanche, de nombreuses plaques de sclérose. — Toutes ces plaques, quand elles sont restées un certain temps exposées à l'air, prennent une teinte rougeâtre, rappelant celle de la chair du saumon.

Nerfs. Les fibres de l'hypoglosse, du facial, etc., paraissent saines. — Le nerf *moteur oculaire externe gauche* offre, à l'œil nu, une coloration un peu grise. Sur une préparation, au microscope, on trouve une prolifération des éléments cellulaires du névrilème, et, de plus, une multiplication notable de noyaux allongés sur les gaines des tubes nerveux qui sont normaux. — L'une des *racines postérieures* des nerfs rachidiens, naissant d'une plaque scléreuse, avait ses tubes sains.

Plusieurs coupes pratiquées sur la *moelle*, ont mis à découvert des plaques de sclérose, disséminées dans les différents cordons. Nous signalerons, entre autres, sur le cordon latéral droit, une plaque, intéressant une partie de la pyramide antérieure correspondante, ayant près de 3 centimètres de longueur, sur 5 à 6 millimètres de largeur, et une autre, aussi étendue sur la portion lombaire. Toutes les deux se répandaient un peu sur les cordons antérieurs. — Les lésions microscopiques étaient celles que nous avons notées dans les autres observations ; nous n'insisterons donc pas.

Thorax, etc. Au sommet des poumons, granulations tuberculeuses assez nombreuses et plusieurs petites cavernes. A la base du poumon gauche, *pneumonie caséeuse*. — *Cœur*, sans le péricarde, 180 grammes ; rien de spécial. — Les autres organes ont paru sains. — *Eschare :* la peau, amincie au voisinage de l'ulcération, était desséchée et mortifiée. Le détritus enlevé, on a constaté que le fond de l'eschare se composait de parties musculaires noires, puis rouges, enfin, de fibres musculaires, décolorées. — Les fibres des parties noires et rouges, examinées au microscope, présentaient seulement quelques stries transversales, et toutes avaient un aspect grenu, très-fin. Plus profondément, c'est-à-dire sur les fibres décolorées, la striation transversale était très-nette.

L'électricité, les vésicatoires, les frictions irritantes, le seigle ergoté, l'arsenic, la belladone, n'ont jamais produit d'amendement des symptômes de la maladie. Les toniques, les bains sulfureux, paraissent avoir eu quelques bons effets chez la malade de l'observation IV. Enfin l'hydrothérapie, qu'il serait bon de mettre plus souvent à contribution dans ces sortes de maladies, est le seul agent thérapeutique qui, dans le cas du docteur Pennock, ait procuré quelque soulagement.

L'énumération qui précède montre donc que, en ce qui concerne le *traitement* de la sclérose en plaques, tout est encore à trouver. La maladie étant mieux connue maintenant, le diagnostic pouvant être posé dès la première période, espérons que, à l'avenir, les essais thérapeutiques seront moins infructueux.

NOUVELLE ÉTUDE

SUR QUELQUES POINTS

DE LA SCLÉROSE

EN PLAQUES DISSÉMINÉES

PAR

BOURNEVILLE

NOUVELLE ÉTUDE

SUR QUELQUES POINTS

DE LA SCLÉROSE

EN PLAQUES DISSÉMINÉES

Dans un mémoire récent, nous avons réuni tous les cas de sclérose en plaques, avec autopsie, sur la nature desquels, par conséquent, le doute n'est pas permis. Nous avons laissé de côté, afin de ne pas obscurcir notre description, divers cas offrant soit des anomalies, soit des particularités assez rares. Nous ne pensions pas sitôt les utiliser; mais M. Charcot ayant retrouvé, dans les archives de Virchow, deux exemples de sclérose en plaques, avec lésions prédominantes dans les cordons postérieurs, nous nous sommes empressé de rassembler et de commenter ces divers faits, complément indispensable de notre dernier travail.

Cette nouvelle étude comprendra donc, en premier lieu, l'histoire d'une malade chez laquelle les altérations scléreuses, invisibles à l'œil nu, étaient évidentes à l'examen microscopique; en second lieu, les cas de sclérose en plaques, disséminées principalement dans les cordons postérieurs; enfin, dans un troisième chapitre, nous reviendrons sur quelques points du diagnostic, et nous insisterons sur une nouvelle modalité de la sclérose, la *sclérose corticale*, dont M. Vulpian a publié récemment un exemple.

CHAPITRE I

Exemple de sclérose en plaques appréciables seulement avec le microscope.

Le plus souvent, dans les autopsies des malades qui succombent à une affection du système nerveux, nous voyons des lésions très-avancées. Saisir le processus morbide à son début, à ses premières phases, c'est là une circonstance exceptionnelle et qui ne s'offre que rarement. Aussi, lorsqu'elle se présente, il importe de ne pas la laisser échapper, car, montrant l'existence d'une lésion physique dès les premières manifestations symptomatiques, elle permet de répondre péremptoirement à ceux qui sont portés, même encore de nos jours, à considérer les modifications matérielles comme tout à fait secondaires et consécutives. Déjà, en ce qui concerne la sclérose des cordons postérieurs, MM. Gull, Charcot et Bouchard ont eu le précieux avantage d'examiner la moelle à une époque assez récente de la maladie. Le cas qui suit, relatif à la sclérose en plaques, appartient, croyons nous, à la même catégorie.

OBSERVATION XX.

SCLÉROSE EN PLAQUES DE LA MOELLE.

Obtusion de l'intelligence. — Contracture des membres. — Tremblement ; ses caractères. — Épilepsie spinale. — Frisson. — Herpès labialis. — Érysipèle diffus. — Œdème des membres inférieurs. — Eschares. — Mort. — Méningite spinale. — Lésions scléreuses de la moelle. (Observation recueillie dans le service de M. CHARCOT.)

Catherine Coadon, 41 ans, couturière, veuve, admise à la Salpêtrière le 23 novembre 1867, est entrée le 18 avril 1868 au n° 5 de la salle Saint-Jacques (service de M. CHARCOT).

21 *avril.* — Cette malade, dont les facultés sont très-affaiblies, la mémoire à peu près nulle, est incapable de fournir les moindres renseignements sur l'évolution de sa maladie. Elle est pour ainsi dire aussi atteinte au point de vue physique que sous le rapport intellectuel. Elle est gâteuse, confinée au lit. — La face est pâle, les pupilles normales, la vision un peu diminuée, la parole embarrassée et accompagnée d'un tremblement des lèvres. La langue elle-même est tremblante. — Roideur du cou.

Membres supérieurs. — Les mains sont froides, violacées; les bras amaigris, sans présenter une véritable atrophie. Au repos, on n'observe aucun phénomène anormal. Les articulations scapulo-humérales sont roides. Il en est de même des jointures du coude. Lorsque, tenant sa tabatière de la main gauche, Coadon essaie de l'ouvrir avec la main droite, celle-ci est agitée de secousses très-rapides : la main semble tourner autour du médius pour axe. Dans l'acte de porter un verre à la bouche, avec la main droite, le tremblement est tel qu'elle échoue malgré des tentatives réitérées. La force musculaire paraît diminuée à droite. — La sensibilité à la piqûre, au pincement est conservée, la peau de la main droite est violacée.

Contrairement à ce qui existait hier, les membres supérieurs, aussi bien au repos que dans les mouvements sont le siége d'un tremblement qui gagne même la tête. En un mot, on a sous les yeux des phénomènes de deux ordres : les uns dus à la maladie antérieure, les autres à un accident nouveau, — un frisson.

Membres inférieurs. — Les cuisses sont fléchies à angle droit sur le bassin, les jambes sur les cuisses; les membres inférieurs, considérés dans leur ensemble, sont dans l'adduction, et cela au point qu'on ne peut écarter les genoux l'un de l'autre de plus de 15 centimètres sans faire notablement souffrir la malade. Il est possible d'étendre les jambes sur les cuisses jusqu'à un certain point ; en voulant aller plus loin on détermine de la douleur. Si on soulève la jambe droite, après l'avoir allongée autant que possible, il survient bientôt des tremblements dans le pied ; si, à ce moment, on chatouille la plante du pied, il se produit une secousse générale dans la jambe et dans la cuisse. Ces secousses tétaniques étaient plus intenses hier qu'aujourd'hui. Les divers modes de *sensibilité* sont normaux. Il n'y a pas de différence entre les deux membres inférieurs.

Vers huit heures et demie du matin, Coadon aurait eu une espèce de *frisson*. Elle dit souffrir dans les membres. Le *pouls* est petit, difficile à compter, à 128 ; température rectale 39°,2.

Soir. — Le pouls est à peine perceptible ; T. R. 40°,1. Le tremblement des mains, au repos, a cessé. — Rien à l'auscultation.

22 *avril.* — Peau chaude et moite. — Les *membres supérieurs* n'ont plus qu'un peu de rigidité, plus marquée dans le coude droit que dans les autres jointures. Lorsqu'on ordonne à la malade de porter une cuiller à sa bouche, on remarque qu'elle y parvient assez aisément avec la main gauche, tandis qu'avec la droite, elle n'y arrive qu'après plusieurs efforts. Du reste, d'un côté comme de l'autre, ces mouvements s'accompagnent de tremblement.

Les *membres inférieurs* ont la même attitude qu'hier. Par moments, le gauche, qui repose sur le droit, est agité de petites secousses. Pouls 100-104 ; — T. R. 39°,4.

Soir. — P. 108 ; T. R. 39°,2. S'il y a du tremblement de la tête il est peu accusé (?). Pupilles égales.

23 *avril.* — P. 100-104 ; — T. R. 38°,1.

Soir. — 104 ; — T. R. 38°.2. Les yeux sont cernés, les pupilles dilatées, la gauche plus que la droite. Céphalalgie ; voix faible. Langue moins sèche que les jours précédents, appétit nul, déglutition facile, constipation depuis deux jours.

24 *avril.* — P. 96 ; — T. R. 38°,4. Sous l'influence d'un courant électrique, les muscles des bras se contractent bien ; ceux des jambes ne se contractent pas nettement et dans tous les cas la con-

traction serait légère. Le courant est douloureux et exagère la douleur.

Soir. — T. R. 38°,4. Éruption composée d'une dixaine de petites vésicules d'herpès aux deux lèvres.

25 *avril.* — P. 96; — T. R. 38°. Même état. Appétit médiocre, soif vive, pas de garde-robes. Voix éteinte, parole hésitante, tremblante. — Pupilles dilatées (la gauche plus que la droite), bien que la malade soit en face de la lumière. Même disposition des membres inférieurs; les pieds sont cyanosés.

Coadon sent parfaitement le contact de la main ou du doigt sur les différentes parties du corps, qu'elle ait ou non les yeux ouverts; bien plus, le simple contact sur les mains suffit pour déterminer des soubresauts. Même chose pour les membres inférieurs; on dirait même qu'ils sont le siége d'un peu d'hypéresthésie. Sitôt qu'on touche la malade, elle cherche à éloigner le membre qui est pris de tremblements tétaniques. Le chatouillement de la plante des pieds donne naissance à des phénomènes encore plus accentués.

Soir. — Exulcération de la largeur d'une pièce de 5 fr. au sommet de la moitié droite du sacrum; exulcération à l'extrémité inférieure de la face interne des cuisses.

27 *avril.* — T. R. 37°,6.

30 *avril.* — L'affaiblissement fait des progrès. Le pouls, à 104, est très-petit, sans intermittences. La malade est couchée sur le côté gauche, le tronc incurvé en avant, les cuisses fléchies sur le bassin, les jambes sur les cuisses, la droite plus que la gauche. Au niveau des malléoles droites et de la partie moyenne du cinquième métatarsien du côté correspondant, taches ecchymotiques rouges ou noires. Sur le bord interne du pied gauche, de la tête du premier métatarsien au calcanéum, se voit une série de phlyctènes. Coloration *érysipélateuse* de la peau de la face interne du mollet, du tiers inférieur de la cuisse gauche; empâtement œdémateux de tout ce membre ayant commencé il y a deux jours; l'empreinte du doigt reste marquée. Alors que la circonférence du mollet droit ne mesure que 27 centimètres, celle du mollet gauche mesure 35 centimètres. Dilatation des veines sous-cutanées. — Un peu d'œdème du pied

droit. — Sur la fesse droite, tache ecchymotique au centre de laquelle il existe une ulcération irrégulière.

La malade étant toujours couchée de la même façon, on s'aperçoit que le membre inférieur gauche est animé de petites secousses tétaniques (2 ou 3 par seconde), et en même temps on note des convulsions semblables dans les bras, et du tremblement du tronc. — Roideur médiocre du coude et de l'épaule, à droite, rien à gauche. — Roideur assez forte du cou qui incline la tête en avant. C... serre moins avec la main droite qu'avec l'autre. Elle parvient à porter à son nez assez facilement l'index gauche, difficilement le droit; ainsi, de ce côté, elle fait un premier mouvement qui rapproche le doigt jusqu'à trois ou quatre centimètres du but, puis, pour parcourir cette distance, elle exécute quatre ou cinq petits mouvements. Lorsqu'on lui recommande de boire seule, après l'avoir à demi soulevée sur son séant, les tremblements de la main sont exagérés, mais on n'observe pas de trémulation de la tête.

Langue tremblottante, couverte d'un enduit épais noirâtre, humide; soif vive; pas de gêne de la déglutition, ni de vomissements; ventre un peu tendu, sonore; selles diarrhéiques abondantes. *Ouïe* normale, *odorat* conservé; — la malade sent le tabac qu'elle prise. — La *parole* est parfois lente, comme hésitante et tremblante; presque toujours, il y a du retard dans les réponses, lesquelles, de plus, sont incohérentes.

1er *mai.* — Eschare de 4 à 5 centimètres de diamètre sur la fesse droite. — T. R. 38°,3.

Soir. — P. 104; R. 24-28; T. R. 38°,4. La pupille gauche est plus large que la droite; toutes les deux sont contractiles. La rougeur du membre inférieur gauche ne change pas.

2 *mai.* — T. R. 38°. — *Soir* : P. 100; T. R. 38°,8. Même inégalité des pupilles. Pas d'autres modifications. Agitation légère, remue ses draps, les repousse, les ramène, etc.

3 *mai.* — T. R. 38°. — *Soir :* T. R. 39°; l'eschare grandit.

4 *mai.* — T. R. 38°,4. — *Soir :* T. R. 38°,3. Même état général. Rougeur érysipélateuse de la région pubienne, de la moitié su-

périeure de la face interne et antérieure de la cuisse gauche, au niveau du talon et de la malléole externe.

5 *mai.* — T. R. 37°,8. Plaintes continuelles. Œdème des pieds. Léger tremblement du membre inférieur droit. — La malade qui, dans les premiers jours de son arrivée à l'infirmerie, vomissait de temps en temps après le repas, ne vomit plus ; elle mange un peu mieux (potages, œufs) ; selles diarrhéiques. — *Soir :* P. 88. — T. R. 38°,1. Parle sans cesse.

6 *mai.* — T. R. 40°,4. La malade est en plein frisson, tous les membres tremblent. La peau est cyanosée, sans refroidissement perceptible à la main ; toutefois, C... se plaint d'avoir froid, et le phénomène de la chair de poule est très-caractérisé. L'auscultation est négative, mais il convient de dire que la respiration se fait mal. — *Soir :* P. 124 ; T. R. 39°,8. Le frisson a cessé peu après la visite. Pas de changement notable.

7 *mai.* — T. R. 39°,2. — *Soir :* P. 120 ; R. 32-36 ; T. R. 39°,4. L'œdème augmente. Les membres conservent l'attitude déjà mentionnée. La tête est inclinée constamment vers l'épaule gauche ; décubitus latéral gauche.

3 *mai.* — T. R. 37°. — *Soir :* P. 100 ; T. R. 39°,8.

9 *mai.* — T. R. 40°. — *Soir :* P. 124 ; R. 28 ; T. R. 40°,2. Les pupilles, qui ont été dilatées le 5 mai avec de l'atropine pour l'examen des yeux, sont encore très-dilatées, la gauche plus que la droite. Langue sèche, rugueuse, noirâtre, tremblante ; pas de gêne de la déglutition. La rougeur érysipélateuse a gagné la fesse et la cuisse droites. Phlyctène sur la cuisse gauche ; en se rompant, elle a laissé à nu le derme qui a une coloration noirâtre. Pas de toux ; auscultation difficile.

10 *mai.* — P. 108 ; T. R. 39°,4. — *Soir :* P. 108 ; R. 32-36 ; T. R. 40°,3.

11 *mai.* — T. R. 39°,6. — *Soir :* P. 136 ; R. 40 ; T. R. 40°,4. Les pupilles sont toujours dilatées et inégales dans le même sens. Stupeur de plus en plus prononcée. La tête est inclinée sur l'épaule gauche et dans l'extension ; on a de la peine à la ramener à la position normale et à l'incliner vers le sternum. Le bras gauche étant

soulevé, lorsqu'on prend le pouls, est pris de mouvements choréiformes. L'érysipèle persiste.

12 *mai.* — P. 124; R. 38; T. R. 39°,6. L'œdème moins marqué au membre inférieur gauche, occupe encore toute la longueur du membre inférieur droit. — Eschare noire, sèche, de 5 à 7 centimètres de diamètre sur la fesse gauche. — *Soir :* P. 132; R. 44; T. R. 40°,1. La malade meurt le 13 mai, à 9 heures du matin.

Autopsie *le 14 mai.* — *Tête.* Péricrâne et os, sains. Les *méninges* cérébrales sont normales. Il en est de même des *nerfs* de la base. L'aspect intérieur du cerveau ne présente rien d'extraordinaire, et diverses coupes faites de distance en distance ne font découvrir aucune trace de sclérose. Rien à la face interne des *ventricules* latéraux, ni sur la *protubérance.*

Moelle. — La *pie-mère* qui revêt le *bulbe* a une coloration grise assez foncée, plus accusée encore au niveau du sillon médian et au-dessous de l'olive gauche. Cette coloration grise se continue, en s'élargissant, sur la moelle cervicale, où elle recouvre à la fois, dans une hauteur de 4 centimètres, les cordons antérieurs et une partie des cordons antéro-latéraux. Au niveau du renflement cervical, on trouve une plaque, ou mieux une bande grise, correspondant à cinq paires nerveuses. Plusieurs sections transversales, pratiquées au niveau de ces plaques, ne font voir rien d'anormal; la coloration grise est bornée à la *pie-mère spinale.* Outre les plaques grises précédentes, on observe çà et là des teintes grisâtres, disposées en stries.

Lorsqu'on incise longitudinalement la dure-mère par sa face spinale postérieure, on ne découvre aucune altération.

Mais si l'œil nu est impuissant à apercevoir les lésions, l'examen microscopique les rend indubitables. Sur une coupe faite à l'état frais, sur la portion lombaire de la moelle, on voit de nombreux corps amyloïdes suivant la direction des vaisseaux les plus volumineux, et principalement les vaisseaux du sillon postérieur. En outre, on aperçoit, disséminés çà et là, en différents points des cordons de la moelle, surtout dans la *moitié postérieure des cordons latéraux* et dans les *cordons postérieurs*, des petits *foyers* isolés, où la présence des corps amyloïdes est encore très-évidente. Dans certains points de ces mêmes cordons, la *couche corticale* est plus épaisse qu'à l'état normal et renferme aussi des corps amyloïdes. Les vaisseaux de la scissure antérieure portent, dans leur paroi, de nombreux noyaux. La pie-mère qui les enveloppe et les suit à une certaine distance est, elle aussi, chargée de noyaux. Le *canal central*, entouré d'un nombre considérable de corps amyloïdes, paraît oblitéré par de nombreux éléments nucléaires, ainsi que le cordon de l'épendyme.

Les *cellules nerveuses* des cornes antérieures sont remarquables par la coloration jaune qu'elles présentent, coloration due à un pigment très-fin et très-abondant. Le noyau et le nucléole de la cellule sont colorés en rose par le carmin. A côté de ces cellules, on en voit d'autres qui ont subi l'action habituelle du carmin (coloration rouge générale, couleur plus foncée du noyau). Dans l'intervalle des cellules, dont les prolongements ne sont pas très-apparents, on constate un nombre assez grand de noyaux également colorés par le carmin.

Presque partout, soit dans la substance blanche, soit dans la substance grise de la moelle, on reconnaît aisément les *tubes nerveux*, pressés les uns contre les autres, sans laisser de vide entre eux.

En quelques endroits des préparations, les corps amyloïdes deviennent plus nombreux, et alors on observe des lésions remarquables, surtout si l'on se sert de coupes de la moelle fortement colorées par la fuschine. Dans ces endroits, les cylindres d'axe sont à nu, et on découvre de nombreuses *fibrilles* de tissu conjonctif (métamorphose fibrillaire). Là encore, on observe parfois de petits amas graisseux (*corps granuleux sans noyau.*) Un de ces petits amas possède un noyau, bien qu'il ne soit pas enveloppé dans une membrane, et autour de lui on trouve : 1° des noyaux de la névroglie, colorés par le carmin; 2° un noyau volumineux appartenant à une cellule dont la membrane s'est distendue.

Thorax. — Larynx, trachée, bronches, rien. — Hypérémie légère à la base du *poumon droit;* un peu d'œdème à la base du *poumon gauche.* — *Péricarde* sain. Le tissu du *cœur*, mou, flasque, a une couleur qui rappelle celle des feuilles mortes; caillot noir dans l'oreillette droite; pas d'altérations valvulaires. Lavé et débarrassé du péricarde, le cœur pèse 250 gr.

Abdomen. — *Estomac*, œsophage, sains. *Pancréas*, 70 gr., un peu gros. *Rate* molle, rosée, 118 gr. *Foie*, légèrement graisseux, 420 gr. ; la vésicule, distendue par une bile noire épaisse, ne contient pas de calculs. *Rein gauche*, anémie de la substance corticale, les bords des pyramides sont un peu confus, 125 gr. ; *rein droit*, 125 gr., normal. Quelques petites arborisations de la muqueuse *vésicale*. — *Utérus*, etc., sains.

Cette observation, rapportée avec tous les détails que nous avons pu consigner, est bien imparfaite car l'état de la malade, à son arrivée dans le service, était tel que, non-seulement les commémoratifs ne pouvaient être notés, mais encore que tous les symptômes qui, pour avoir toute leur valeur, exigent un concours intellectuel de la part du sujet, sont mentionnés d'une manière insuffisante. Toutefois, la contracture des membres inférieurs et supérieurs, les spasmes convulsifs, l'épilepsie spinale, n'apparaissant que durant l'exécution des mouvements, plaidaient en faveur du diagnostic, posé d'ailleurs avec réserve, *sclérose en plaques*. En outre, l'absence de tremblement de la tête, de nystagmus, pouvait faire penser que l'encéphale n'était pas atteint.

L'incision des méninges mit à nu la pie-mère spinale qui apparut parsemée de larges taches brunâtres, épaisses, adhérentes, indices d'une méningite rachidienne. Nous nous attendions à retrouver au-dessous d'elles des plaques de sclérose. Grande fut notre surprise lorsque l'œil ne nous fit rien voir de semblable. Mais l'examen microscopique, portant sur des coupes faites à différentes hauteurs dans la moelle, rendit évidente la présence de la sclérose; la circonscription de la lésion, sous forme de foyers, répandus çà et là sur les cordons de la moelle, en particulier sur les latéraux et les postérieurs, témoignait de la vérité du diagnostic. Pourquoi alors les lésions n'étaient-elles pas appréciables à l'œil nu? Serait-ce que les plaques présenteraient plusieurs variétés de formes et d'aspect? ou bien la lésion était-elle jeune encore, à sa première période? Cette dernière hypothèse nous semble probable, d'autant plus qu'elle a pour elle les résultats même de l'investigation histologique. On constatait, il est vrai, de nombreuses fibrilles de tissu conjonctif, caractère univoque de la sclérose; mais les tubes nerveux persistaient, avaient leur apparence, leur volume normaux qui, on le sait, sont de plus en plus modifiés jusqu'à disparition complète des tubes, quand la prolifération conjonctive a acquis son maximum de développement.

Important est ce fait, parce qu'il pourrait se faire que des observateurs, après avoir vu, durant la vie, tous les symptômes cliniques que, d'après M. Charcot, nous avons assignés à la sclérose en plaques,—à l'autopsie ne voyant pas, à l'œil nu, les plaques grises, irrégulières, plus ou moins déprimées, dures, etc., que nous avons décrites, s'imaginassent que cette maladie n'a pas de symptômes propres, la distinguant des autres affections de même ordre du système nerveux. Mais, prévenus qu'ils seront maintenant par l'histoire de Coadon, ils s'empresseront de faire appel au microscope et verront sans peine les lésions de la sclérose, bien que l'œil nu soit impuissant à les découvrir.

Cette condition, du reste, n'est pas spéciale à la sclérose en plaques disséminées. On l'a rencontrée dans la *sclérose des cordons postérieurs*, ainsi que nous le disions tout à l'heure. MM. Gull, Charcot et Bouchard, à l'autopsie de malades qui avaient évidemment paru atteints *d'ataxie locomotrice progressive*, alors que l'œil seul n'apercevait aucune altération, ont vu, à l'aide du microscope, la prolifération conjonctive caractéristique.

Disons enfin que les *dégénérations secondaires* qui surviennent à la suite de lésions du cerveau, si nettes lorsque la maladie primitive remonte à une époque suffisamment éloignée, ne sont appréciables qu'au microscope si l'accident originel est de date récente. L'analogie, on le voit, vient également appuyer l'opinion que nous avons émise, à savoir que, probablement, il s'agit, dans ce cas, d'une sclérose à ses premières phases.

CHAPITRE II

De la sclérose en plaques dans ses rapports avec la sclérose des cordons postérieurs.

La seconde partie de notre travail, avons-nous dit, sera consacrée à l'examen : 1° des cas dans lesquels les plaques de sclérose étaient nombreuses dans les cordons postérieurs; 2° des cas dans lesquels coexistaient les symptômes et les lésions de l'ataxie locomotrice progressive et de la sclérose en plaques disséminées. De là, par suite, deux subdivisions.

A. De la sclérose en plaques occupant surtout les cordons postérieurs.

A maintes reprises, dans les observations que nous avons relatées, sont consignées des douleurs fulgurantes constrictives, douleurs à peu près spéciales à l'ataxie locomotrice progressive (sclérose des cordons postérieurs). L'autopsie a fait voir la cause de ces douleurs en montrant que les plaques de sclérose avaient envahi, en certains points, les cordons postérieurs de la moelle. Parfois, ainsi que nous l'avons présagé, les lésions occupent une hauteur assez considérable des cordons postérieurs ; l'observation suivante vient à l'appui de cette assertion. Si elle offre des lacunes, au point de vue de la symptomatologie de la sclérose en plaques, cela tient à ce que l'attention n'a été attirée sur la malade qui en fait l'objet qu'à propos d'une affection incidente.

OBSERVATION XXI.

SCLÉROSE EN PLAQUES (FORME CÉRÉBRO-SPINALE).

Faiblesse des membres inférieurs. — Douleurs fulgurantes. — Rigidité des membres. — Affaiblissement de la sensibilité. — Attaque apoplectique. — État camparatif de la température entre les deux bras, les deux mains et la température rectale. — Eschare. — Mort. — Lésion particulière du cerveau. — Plaques de sclérose dans le cerveau, la protubérance et la moelle. (Observation communiquée par M. Charcot.)

Marie-Joséphine Broisat, femme de ménage (1), 48 ans (1867), admise le 14 juin 1862, à la Salpêtrière, est entrée, le 24 février 1867 au n° 21 de la sal e Saint-Jacques. Son *père*, qui était rhumatisant, et sa *mère* sont morts très-âgés. Réglée à 14 ans; très-nerveuse, sans attaques et sujette à un malaise général revenant de temps en temps jusqu'à l'âge de 36 ans. Dès l'âge de 20 ans, dyspnée en marchant. A 36 ans, fatigue le soir, les membres inférieurs étaient sans forces. A 36 ans, *douleurs fulgurantes* dans les membres inférieurs, surtout le soir, si elle avait beaucoup marché, et dans la nuit. Ces douleurs, durant quelquefois un quart d'heure, revenaient une ou deux fois par mois. Depuis l'âge de 44 ans, elle ne peut plus marcher sans appui, et de plus elle souffre au niveau de la moitié inférieure des lombes et de la région sacrée. Il y a deux mois environ (décembre 1866), sont survenues des douleurs en ceinture et de la rigidité des membres inférieurs, qui actuellement sont dans l'extension et ne peuvent être fléchis qu'incomplétement. Dans la progression, elle ne projette pas les jambes; les yeux fermés, il lui est impossible de marcher; elle se soutient sur les jambes en s'aidant des barres de son lit. Parfois, tremblement et mouvements convulsifs des membres inférieurs. Les différentes espèces de sensibilité paraissent affaiblies; la notion de position est en partie con-

(1) Nous rédigeons cette observation d'après lee notes recueillies par M. Lépine, interne du service en 1867.

servée. La vue est un peu moins bonne depuis un an ou deux : la lecture la fatigue plus vite qu'autrefois. Céphalalgie pendant un ou deux jours à l'époque des règles. La malade a été *traitée* à la Charité et à l'Hôtel-Dieu (bains sulfureux, un cautère à la région dorsale).

19 *avril*. — Il y a environ huit jours, B... a eu, pendant deux ou trois jours, des frissons. A la même date, ses jambes se sont comme ployées et croisées. En voulant descendre de son lit, elle est tombée et, depuis lors, il lui est impossible de marcher. Les jambes sont devenues à peu près flasques et elle éprouve la plus grande difficulté à les soulever, principalement la droite. Exacerbation des douleurs en ceinture. Léger mouvement fébrile les jours passés. Depuis quatre jours, commencement d'eschare au sacrum. Urines involontaires ; rétention d'urine (cathétérisme). Aujourd'hui, les membres inférieurs sont plutôt flasques. Les urines sont claires. T. R. 37°,4.

23 *avril* 1867. — Ce matin, à 6 heures 1/2, la malade étant sur un fauteuil pendant qu'on faisait son lit, a perdu tout à fait connaissance, avait de l'écume à la bouche, et on a constaté qu'elle avait une paralysie du côté gauche de la face et du bras correspondant. La perte de connaissance a persisté vingt minutes. A ce moment, refroidissement général, un peu de contracture du bras gauche ; flaccidité des membres inférieurs.

Plus tard, deux autres petites attaques avec perte de connaissance, sans convulsions ni roideur. Enfin, vers 9 heures, on note les détails suivants : refroidissement général de la peau ; flaccidité du bras gauche ; globes oculaires dirigés à droite ; déviation de la langue à gauche. La malade a repris connaissance ; elle arrive à porter le bras gauche à la face, mais non sur le sommet de la tête. La sensibilité y paraît un peu diminuée. Entre la paume des mains, différence de quelques dixièmes de degré ; l'avant-bras gauche est un peu plus froid. Au point de vue de la motilité, il n'y a pas de différences sensibles entre les deux membres inférieurs ; B... ne peut les remuer.

Soir. — Abattement, diminution de l'intelligence ; face pâle, paralysie à gauche ; pupilles égales et dilatés ; parole inintelligible. Le bras gauche, qui était plus froid ce matin que le droit, est actuellement plus chaud que lui. Les membres inférieurs sont également chauds ; après l'exposition à l'air, le genou gauche devient plus froid. Rétention d'urine. Temp. axillaire, à gauche, 37°,1 ; à droite, 36°,8. Pouls petit, 120 ; on le sent mieux à gauche. Respiration normale.

24 *avril.* — Parole embarrassée, lente, pâteuse ; la malade répète les mêmes mots sans qu'on parvienne à la comprendre. La sensibilité est toujours affaiblie ; la motilité paraît revenir. Pouls très-faible, à 120, *imperceptible à gauche.* La température est évidemment abaissée à l'avant-bras et à la main gauches. Temp. axillaire gauche, 38° ; droite, 37°,6 ; T. R. 38°,5. Rien de particulier aux membres inférieurs.

Soir. — Face très-rouge. Yeux dirigés directement en haut. Réponses nettes, mieux articulées. *La paralysie du membre supérieur gauche a augmenté.* Les membres supérieurs sont peu chauds ; la cuisse gauche l'est plus que la droite. P. 120 ; T. Ax. gauche, 38°,8 ; droite, 38°,6 ; — T. R. 39°,5.

25 *avril.* — Même état intellectuel. Face tournée à droite. Un peu de roideur dans le côté paralysé. *Le bras gauche*, plus chaud que l'autre, *peut être porté* à la tête ; le membre inférieur gauche est plus froid que le droit. — P. 124 ; T. Ax. g. 38° ; dr. 37°,8 ; T. R. 38°,9. — *Soir.* T. Ax. g. 39°,2 ; dr. 39°,2 ; T. R. 40. Chaleur générale.

26 *avril.* Elle parle sans cesse. Ventre ballonné. — T. Ax. g. 39°,4 ; dr. 39°,1 ; T. R. 39°,6.

Soir. — Parle moins. Le membre supérieur paralysé est plus chaud que le sain, mais il se refroidit très-vite. Le membre inférieur gauche est moins chaud que le droit, surtout à la cuisse. P. 116, petit ; T. main gauche, 36°,2 ; main droite, 35°6 ; T. R. 38°,9.

27 *avril.* — Main gauche glacée ; bras froid et notablement moins paralysé. Langue à peine déviée, commissure labiale fortement tirée à droite. T. Ax. g. 37°,2 ; T. Ax. dr. 37° ; T. R. 28°.

Soir. — T. Ax. g. 38° ; T. Ax. dr. 38° ; T. main g. 26° ; T. main dr. 33,8° ; T. R. 38°,6. Amélioration.

28 *avril.* — L'état intellectuel est meilleur. Toute trace de para-

lysie a pour ainsi dire disparu. Le membre supérieur gauche est *glacé*, le droit un peu chaud. Cuisses légèrement chaudes. T. Ax. g. et dr. 38°; T. main g. 23°,2; main dr. 34°3; T. R. 38°,5 (1).

Soir. — T. Ax. g. 38°,4; dr. 38°,6; main g. 33°; main dr. 35; T. R. 38°,9.

29 *avril.* — Le membre supérieur gauche est toujours plus froid.

Soir. — T. Ax. g. et dr. 38°; T. main g. 37°,2; dr. 36°,4; T. R. 38°,5.

30 *avril.* — La malade est plus affaissée. Le bras gauche est redevenu faible. Regard fixe; pupille gauche plus contractée que la droite. Les membres du côté gauche sont plus chauds que ceux du droit. Eschare noire et profonde au sacrum, à droite et à gauche.

Soir. — Refroidissement général de la peau. Membre supérieur gauche froid. Le pouls est sensible à gauche, très-petit à droite. T. Ax. g. 38°,2; dr. 38°,4; T. R. 39°,2.

1er *mai.* — Même état général; membre supérieur gauche un peu roide et refroidi; main droite chaude, ainsi que les cuisses. Le pouls est toujours insensible à gauche, à peine sensible à droite. Urines louches, un peu glaireuses et alcalines; précipité albumineux médiocrement abondant. T. main g. 23°; main dr. 29°; T. R. 30°.

Soir. — Abattement. Pour la première fois, rougeur de la pommette droite. Langue sèche. Le membre supérieur gauche, froid, un peu roide, est péniblement porté à la tête. Pieds glacés; membres inférieurs froids. T. Ax. g. 38°; dr. 37°,9; T R. 38°,7.

2 *mai.* — Même état général. Pommettes également chaudes. Pouls perceptible aux deux radiales, mais très-faible. Membres inférieurs chauds. T. Ax. g. 38°,2; dr. 38°,3; T. R. 38°,8.

Soir. Chaleur générale. Flaccidité presque absolue du bras gauche. Mains très-chaudes. T. A. g. 38°,6; dr. 38°,8.

3 *mai*, soir. — Le bras gauche est plus chaud. Face grippée. Agitation, loquacité. P. 106. — T. Ax. g. et dr. 37°,6; T. R. 39°,1.

(1) Nous invitons le lecteur à suivre de près ces différences de température. Il y a là une question de physiologie intéressante à étudier.

4 *mai.* — Même différence de température entre les bras. T. Ax. g. 37°,8; dr. 37°,6; T. R. 39°,1.

5 *mai*, soir. — Traits altérés. Paupières en partie fermées, principalement du côté gauche. Bouche entr'ouverte. Face pâle. Assoupissement. Pas de chaleur des membres. Paralysie du bras gauche. T. Ax. g. 38°2; dr. 37°,3; T. R. 39°,3.

6 *mai*, soir. — Aggravation. P. 104; T. Ax. g. 36°,4; dr. 36°,2; T. R. 37°,2. — Mort le 7 mai.

Autopsie. *Tête*. Artères de la base parfaitement saines. Méninges normales, si ce n'est au niveau des circonvolutions du lobe pariétal droit où la pie-mère est rouge et adhérente au tissu nerveux. A ce niveau, si on pratique une coupe perpendiculaire, on découvre une masse jaune, du volume d'une noix, sans ramollissement du tissu. L'altération est plus avancée vers la superficie, c'est-à-dire dans la substance grise. Elle cesse sans ligne de démarcation bien nette au milieu de la substance blanche. Au microscope, on trouve des éléments granuleux de dimension assez considérable, ayant un noyau qui se colore plus fortement que les granulations qui remplissent le reste de la cellule. Quelques-unes de ces cellules contiennent une gouttelette graisseuse. Dans toute la portion *jaune*, mêmes éléments. A la périphérie, nombreux myélocytes; ceux-ci, très-multipliés, existent seuls dans la substance blanche à 2 ou 3 millimètres de la portion jaune.

Dans les *ventricules latéraux* se voient des plaques disséminées de sclérose. Elles sont irrégulières, ont des dimensions variables et s'étendent à une faible profondeur dans le tissu nerveux sous-jacent. Dans l'intérieur du *corps strié*, petites masses scléreuses de la grosseur d'un grain de millet. A la surface et dans la profondeur de la *protubérance*, on observe aussi des îlots scléreux qui, par leur couleur et leur consistance, se distinguent de la façon la plus nette du tissu nerveux. La disposition, la forme de ces îlots sont très-diverses. Ces parties altérées, étudiées au microscope, renferment des noyaux et des fibrilles de tissu conjonctif; enfin, dans plusieurs préparations, on n'a pu constater la présence d'un seul *cylinder axis*. D'autres, au contraire, laissent voir les éléments nerveux d'une manière certaine.

Différentes coupes pratiquées sur la *moelle* ont fait découvrir, surtout à la région cervicale, des plaques de sclérose. Ces plaques occupent inégalement les cordons, existent sur tous, mais les cordons postérieurs sont pris dans une étendue beaucoup plus considérable (1).

—La prédominance des plaques dans les cordons postérieurs nous fournit la raison de quelques-uns des symptômes: douleurs fulgurantes paroxystiques, siégeant dans les membres inférieurs, — douleurs constrictives à la base du thorax, — impossibilité de la marche en l'absence de la vision, — affaiblissement de la sensibilité. Tous ces phénomènes pouvaient faire songer à l'ataxie locomotrice.

Toutefois, le tableau symptomatologique, dans l'hypothèse précédente, était loin d'être sans ombres. En effet, 1° l'abaissement, si minime, de la vue, n'était pas proportionné aux autres symptômes; bien plus, loin de s'être montré dès les commencements de la maladie, il était de date toute récente; 2° l'affaiblissement musculaire, tardif dans l'ataxie, avait été, dans ce cas, la première manifestation morbide; 3° et si, lorsque la malade avait les

(1) Les autres organes étaient à peu près sains : *cœur* flasque, petit; caillot fibrineux ancien sous la valve postérieure de la valvule mitrale; *aorte*, *poumons*, *foie*, rien; *rate* petite, ramollie; un peu de *néphrite*; muqueuse *vésicale* noire, ulcérée, boursoufflée.

yeux fermés, elle ne pouvait faire un pas, en dehors de cette condition, on n'observait pas cette projection de jambes si caractéristique, qui est le triste apanage de l'ataxique; 4° enfin, la notion de position était conservée ce qui est très-rare dans la sclérose ancienne des cordons postérieurs.

Il ne nous semble donc nullement aventureux de dire que, s'il était possible de diagnostiquer ici un cas d'ataxie locomotrice, une grande réserve était de rigueur en raison des contradictions, des singularités que nous venons de signaler. Si, ce qui malheureusement n'a pas eu lieu, la malade avait survécu aux accidents que nous avons décrits, on aurait constaté, sans nul doute, tous les symptômes de la sclérose en plaques disséminées. Plusieurs sont indiqués d'ailleurs : tremblement, mouvements convulsifs, rigidité des membres inférieurs, et qui tous sont exceptionnels dans l'ataxie, ou ne s'y rencontrent que très-rarement.

L'enseignement à retirer de cette observation, c'est que, cliniquement, les symptômes de la sclérose en plaques peuvent être associés à ceux de la sclérose des cordons postérieurs, et par conséquent qu'un observateur attentif devra s'efforcer de faire la part de chacune de ces deux maladies. C'est ce que nous allons essayer dans le paragraphe suivant.

B. Cas dans lesquels existent simultanément les symptomes et les lésions de l'ataxie locomotrice et de la sclérose en plaques.

De même que les autres affections du système

nerveux, la *sclérose en plaques disséminées* à peine connue cliniquement, inconnue même avant les travaux et les leçons de MM. Charcot et Vulpian et de leurs élèves, peut venir se surajouter à une maladie déjà ancienne, ou peut elle-même être compliquée par une nouvelle maladie. C'est en particulier, ce qui arrive pour l'ataxie locomotrice progressive. Nous allons rapporter, malgré leur longueur, deux observations empruntées à un mémoire de Friedreich, intitulé : *Ueber degenerative atrophie der spinalen Hinterstrange* (de la dégénérence atrophique des cordons postérieurs de la moelle, *Arcih. für pathologische Anatomie und Physiologie und für klinische Medicin* de Virchow, 1863, p. 419 et 433), qui prouvent la possibilité de cette association.

OBSERVATION XXII.

SCLÉROSE DES CORDONS POSTÉRIEURS, SCLÉROSE DES CORDONS LATÉRAUX.

Faiblesse de la jambe droite (16 ans), *puis de la gauche. — Douleurs fulgurantes. — Faiblesse du bras droit, puis du gauche* (20 ans). — *Embarras de la parole* (21 ans). — *Convulsions dans les membres inférieurs* (30 ans). — *Vertiges. — Contracture spasmodique des membres inférieurs. — Embarras de la parole. — Tremblement de la tête et du cou. — Cyphose et scoliose. — Ataxie des mouvements. — Fièvre typhoïde. — Mort. — Calcul biliaire. — Ulcérations intestinales. — Méningite spinale. — Hydropisie. — Lésions scléreuses, irrégulières, des cordons postérieurs et latéraux.* (Obs. de FRIEDREICH, traduite par E. TEINTURIER.)

J. Süss, de Spock, près Bruchsal, célibataire, née le 17 juin 1828.

Bien portante jusqu'à 16 ans, elle ressentit alors dans la jambe droite de la lassitude et un peu de *faiblesse* qui s'étendirent bientôt à la jambe gauche. En même temps et dès le début de l'affection, la malade éprouva fréquemment dans les deux extrémités inférieures des *douleurs déchirantes*, erratiques, qui, à l'époque de son entrée à l'hôpital, paraissaient encore çà et là. Vers l'âge de 20 ans, la malade s'aperçut d'une faiblesse progressivement croissante d'abord dans le bras droit, puis bientôt dans le gauche, tandis que la paralysie des extrémités inférieures se prononçait de plus en plus. Dans ces dernières années (1857-58), la malade ressent souvent dans le bout des doigts des douleurs déchirantes plus vives à droite qu'à gauche. Point de convulsions dans les bras; au contraire, elles se sont souvent produites l'année dernière (1858) dans les jambes, surtout dans la gauche; au lit, particulièrement, les jambes se fléchissaient involontairement sur le ventre. A 21 ans environ, peu après que les bras commencèrent à s'affaiblir, il survint du bégaiement qui rendit la parole difficilement intelligible, et alla en s'aggravant à vue d'œil comme les autres phénomènes paralytiques. Il n'y eut jamais de céphalalgie; mais, dès les premiers temps, la malade éprouva de fréquents vertiges, surtout quand elle se tenait debout ou sur son séant. La menstruation s'établit à 16 ans, d'abord avec des intervalles de plusieurs mois; dans les dernières années, au contraire, elle eut lieu assez régulièrement sans difficulté. Constipation habituelle. La malade entra le 26 juin 1859 à l'hôpital académique, présentant l'état suivant :

Embonpoint satisfaisant, musculature de consistance et de volume ordinaires. Appétit bon, défécation un peu difficile, urination normale. Sommeil généralement bon, troublé seulement parfois par des douleurs déchirantes dans l'extrémité inférieure gauche. Déglutition facile. Langue et luette à l'état normal; fonctions psychiques et facultés sensitives supérieures intactes. *Nystagmus* bilatéral assez manifeste, quand la malade fixe un objet. Pupilles normales. La tête et le cou, quand la malade veut se tenir droite, et même, mais à un moindre degré quand elle est couchée, sont agitées de çà et de là. Dans la station assise, la malade s'affaisse; la colonne vertébrale présente à la région dorsale une forte cyphose et une scoliose à droite, difformités qui ont apparu dès la première année de la maladie. La *parole* est très-embarrassée, parfois même inintelligible. La malade a de la peine, même en s'appuyant à un objet voisin, à changer de place; dans ses efforts pour marcher, les jambes exécutent de brusques mouvements de projection en avant; il lui est impossible de se tenir debout sans soutien. Au lit, c'est avec un effort visible qu'elle fait avec ses jambes les mouvements qu'elle désire. Les mains peuvent encore exercer une pression assez forte, mais peu durable; les mouvements des bras, par exemple, pour prendre un objet éloigné, paraissent incertains, irréguliers, sans direction précise, et il est évident que la faculté d'exécuter avec précision des mouvements combinés a disparu. L'exploration des cavités thoracique et abdominale ne fait découvrir aucune altération morbide. Le courant provoque dans les muscles des extrémités inférieures des contractions très-énergiques; cependant les contractions produites, même par un fort courant, ne s'accompagnent d'aucune sensation de douleur quelque peu notable, en sorte qu'évidemment, à côté de la contractilité électro-musculaire normale, la sensibilité électro-musculaire est amoindrie à un certain degré. L'exploration de la sensibilité cutanée à l'aide du pinceau électrique, montre cette faculté intacte, et provoque des contractions réflexes très-fortes. Des piqûres d'aiguille faites par tout le corps sont perçues avec une grande netteté, ainsi que le plus léger attouchement avec le doigt. L'exploration de la sensibilité cutanée avec le compas de Weber la montre parfaitement normale aux extrémités supérieures, à la face antérieure du tronc et à la face; au contraire, pendant l'inspection de l'abdomen, du dos et des extrémités inférieures, la malade fait des réponses si contradictoires qu'on ne peut méconnaître en ce point une certaine obtusion de la perception. La malade, depuis son entrée, a été soumise à une diète satisfaisante, avec extrait alcoolique de *noix vomique*, dont la dose a été élevé à 2 grains par jour. Elle supporte bien ce médicament et dit que, depuis qu'elle l'emploie, certains mouvements s'exécutent plus facilement. Son aspect général s'était remarquablement amélioré, lorsque le 25 septembre 1859 survint un mouvement fébrile sans cause appréciable.

Elle se plaint de froid, de céphalalgie et de vertiges ; peau chaude et moite, puis transpiration. Pas d'appétit, soif vive; langue blanche, mais humide ; constipation, urine rare, rouge foncé, non albumineuse. Pas de délire. Pouls à 130 et 140, faible et facilement dépressible. Ces symptômes restent les mêmes pendant deux jours.

28 *septembre.* — Persistance des mêmes phénomènes. Faiblesse plus grande, collapsus notable. Pas de délire, pas d'exanthème, pas de gonflement appréciable de la rate; la malade se plaint seulement, quand on appuie fortement, d'un peu de douleur à la région cœcale. Selle assez copieuse et consistante. Pouls 126 à 128.

29 *septembre.* — Collapsus croissant, légère somnolence. La parole est si embarrassée et bégayante, qu'on peut à peine la comprendre. Déglutition un peu gênée ; on ne constate cependant aucune lésion de la gorge. Douleur cœcale assez forte ; pas de selle ; pas d'exanthème; le volume de la rate est difficile à déterminer à cause de la scoliose. Sueur abondante. Langue fortement chargée, mais humide. Pouls extraordinairement faible ; température 31°,8 R. Respiration plus fréquente ; à peine de toux. L'examen des poumons montre à gauche, en arrière et en bas, de la matité avec respiration bronchique faible; des deux côtés, en arrière, quelques râles muqueux. Le traitement consiste depuis le début de cet état aigu en mixture saine (Acid. Haller) et en applications froides sur la tête.

30 *septembre.* — Même état ; léger météorisme abdominal ; pas de selle. La malade gît apathique, les yeux fermés réagissant difficilement aux interpellations. L'urine, qui aujourd'hui contient de l'albumine pour la première fois, laisse se déposer un abondant sédiment rouge-brique. Pouls 116-128; température 31°,9 R. ; respiration 48.

Traitement. — Extrait froid de quinquina, 1 drach. ; eau distillée, 4 onces ; vin malaga, 2 onces ; sirop de mûres, 1 once ; une cuillerée par heure. Bon bouillon avec des jaunes d'œufs.

1er *octobre.* — Grande agitation nocturne ; la malade se plaint une fois d'un sentiment d'inquiétude et d'anxiété, mais cet accès n'est que passager. Matité considérable à la partie inférieure du côté droit de la poitrine. Pouls à peine sensible, 120; température du matin, 30°,4; le soir, 31°,2; respiration, 32-38. Rétention d'urine, le catéthérisme est nécessaire. Les selles manquent depuis plusieurs jours, lavement purgatif sans résultat. Même était pour le reste. (Température indiquée avec la graduation Réaumur.)

2 *octobre*. — Collapsus croissant; sueurs abondantes. Pouls 132 le matin, 144 le soir; température, 31°,5; respiration, 39-42. Mort le 3 octobre à cinq heures du matin.

AUTOPSIE, *le 4 octobre*, à 10 *heures du matin*. — Cadavre d'un embonpoint notable; rigidité cadavérique considérable; pannicule graisseux bien développé. Les muscles des extrémités et du bassin ont une très-belle coloration rouge-brun, un volume normal, et le microscope n'y montre aucune trace de dégénérescence graisseuse ni d'autre altération pathologique. Pas d'adhérences des poumons à la poitrine; le *poumon gauche* est considérablement affaissé et réduit de volume; la plus grande partie du lobe inférieur, une grande partie du lobe supérieur en arrière, enfin tout le prolongement, extraordinairement développé, en forme de langue, de ce dernier lobe, sont dans un état d'induration atélectasique prononcée; sommet du lobe supérieur fortement œdématié. Les bronches sont en partie remplies d'un mucus abondant; la muqueuse en est injectée et turgescente. Quelques ganglions bronchiques ont augmenté de volume, sont mélaniques, avec çà et là des traînées blanc-grisâtre molles. Le *poumon droit* présente surtout au lobe inférieur et un peu aussi au bout postérieur du lobe supérieur des plaques atélectasiques moins développées que celles du côté gauche; dans tout le reste du parenchyme pulmonaire, hypérémie et léger œdème. Mucus bronchique comme à gauche; quelques petites bronches sont légèrement dilatées. Dans la plupart des fines ramifications bronchiques du lobe inférieur on trouve en assez grande quantité, mêlé de petits grumeaux blancs, graisseux, un liquide trouble, grisâtre, fluide que le microscope démontre être de la salive. *Larynx* normal; muqueuse trachéale fortement injectée, surtout à la bifurcation. Hypérémie veineuse du *corps thyroïde*, d'ailleurs normal.

La face postérieure du *péricarde* pariétale est couverte d'une couche graisseuse abondante, hypérémiée; dans la cavité du péricarde, environ une once de sérum rougeâtre. *Cœur* gauche, caillot fibrineux assez considérable, avec du sang encore liquide et une certaine quantité de cruor; même chose dans le cœur droit, où les caillots fibrineux sont moins abondants. *Valvules* normales, à part un peu d'état réticulé des valvules aortiques et pulmonaires. Trou ovale fermé. Muscle du ventricule gauche un peu plus épais qu'à l'état normal, cependant assez mou et flasque ; coupé, il apparaît très-anémié, avec un aspect tacheté, marbré particulier, et a des taches jaune-clair mêlées à des taches rouge-pâle. Cet aspect se retrouve moins prononcé sur la cloison interventriculaire et sur le cœur droit, très-marqué, au contraire, sur le muscle papillaire du ventricule gauche, dont les pointes sont en outre blanchâtres, d'apparence tendineuse. Le microscope montre une dégénérescence graisseuse très-avancée des fibres musculaires dans les taches claires du cœur, moindre dans les endroits rouge pâle. Les *intestins* fortement météorisés, surtout le côlon, dont la portion ascendante décrit de très-grandes circonvolutions anormales. Entre le cœcum et le côlon ascendant ancienne adhérence, courte, en forme de bandelette, entraînant le second en avant vers le premier. Les ganglions mésentériques le long du côlon, ainsi que quelques-uns de la partie inférieure de l'iléon, atteignent le volume d'une fève ou d'une noisette ; ceux qui avoisinent le bout supérieur de l'iléum et du jéjunum sont moins développés ; à la section, ils offrent une infiltration gris-blanchâtre, rouge clair ou rouge foncé, suivant les endroits, mêlée de nombreux points hémorrhagiques et de consistance molle, moelleuse.

A l'*estomac*, environ au milieu de la petite courbure, cicatrice cruciforme; dans l'intérieur, liquide peu abondant, fluide; la muqueuse, surtout au cul-de-sac, est fortement gonflée, avec de fines arborisations vasculaires et des extravasations nombreuses, ponctuées, en certains endroits très-rapprochées les unes des autres. Dans le jéjunum, liquide bilieux, fluide, qui s'arrête assez loin de l'iléum ; dans celui-ci, matière diarrhéiforme, jaune-brun, qui se retrouve dans le cœcum et la partie supérieure du côlon, tandis que la moitié inférieure de celui-ci renferme, avec de la bouillie fécale, d'assez nombreuses bulles dures et anciennes.

La muqueuse du côlon présente par endroit une forte injection veineuse; les follicules isolés de sa moitié inférieure ont augmenté de volume, et l'intestin est recouvert d'un mucus clair granuleux. Dans le *cœcum*, deux petits *ulcères* du volume d'un pois, dont la base et les pourtours sont infiltrés d'une matière molle; de même au-dessus de la valvulve, à la partie inférieure de l'ilium, on trouve une infiltration très-étendue des plaques de Peyer, d'une matière molle, en certaines places d'apparence fongueuse. On trouve des eschares jaune-clair encore adhérentes, en certains endroits, déjà en voie d'élimination ailleurs; un petit nombre seulement sont déjà détachées, laissant l'ulcère détergé. Environ à deux lignes au-dessus de la valvule cœcale, se voient dans l'iléon des ulcères plus petits, ronds, du volume d'un pois, infiltrés d'une substance médulliforme, avec des croûtes encore adhérentes pour la plupart. Aux ulcères et aux infiltrations de la muqueuse correspond presque partout, à la face externe de l'intestin, une hypérémie considérable de la séreuse et de la sous-séreuse. A trois lignes de la valvule, s'arrêtent les ulcères et les végétations médulliformes, tandis qu'au contraire les glandes solitaires, hypertrophiées, sont répandues par tout l'iléon. Dans le jéjunum, hypérémie veineuse très-marquée de la muqueuse. Le foie est un peu plus petit qu'à l'état normal. A plusieurs endroits de sa surface, se voient des groupes d'extravasations plus ou moins rapprochées, pointillées, qui pénètrent un peu dans le parenchyme, comme le montre la coupe du foie. Le tissu du foie est flasque et ridé, de couleur rouge-grisâtre et d'aspect presque homogène. A la face supérieure du lobe, nombreux îlots blanc-jaunâtre, de dégénérescence graisseuse partielle. Au même lobe, très-près de la face inférieure, tumeur sphérique caverneuse, du volume d'une noisette. Dans la *vésicule biliaire*, attachée au côlon transverse par une adhérence ancienne, *calcul* mixte jaune-clair, de la grosseur d'une noix, à surface mamelonnée; la muqueuse de la vésicule est jaune-clair, anémiée et couverte d'un lacis de lignes jaune d'or (dégénérescence graisseuse). La bile est aqueuse, de couleur jaune-grisâtre. La *rate* est très-grosse, sa capsule lisse et tendue; à la coupe, on trouve une pulpe molle, rouge-brun, hyperplasiée, parsemée çà et là de taches et de points plus foncés, rouge-noirâtre (hémorrhagies). Les corpuscules de Malpighi se reconnaissent çà et là sous forme de petits grains gris, tandis que la trame fibreuse a disparu dans la pulpe Pancréas anémique, d'ailleurs normal. *Reins* de grosseur ordinaire; des deux côtés, le bassinet et les calices renferment un liquide assez abondant, puriforme, que la pression fait sortir des papilles en grande quantité. La muqueuse du bassinet et des calices est injectée et parsemée de points hémorrhagiques. Les glomérules injectés apparaissent très-nettement dans la substance corticale, comme des points rouges, rangés en files; après l'ablation de leur capsule, les reins présentent à leur surface de nombreuses arborisations, en forme d'étoile. Les pyramides contiennent dans la zone périphérique du sang noir plus abondant, avec çà et là des concrétions calcaires blanches; le segment inférieur des pyramides, vers les papilles, est homogène, blanchâtre, d'une dureté tendineuse. La *vessie* renferme une petite quantité d'urine trouble, presque purulente. *Utérus* normal; les ovaires, passablement développés, contiennent des follicules à toutes les périodes d'évolution; dans l'ovaire droit, deux corps jaunes. Le plexus veineux des trompes et du ligament large, turgescent, variqueux, renferme de nombreux phlébolithes atteignant le volume d'un pois. Dans le tissu du ligament large, surtout en dehors, on trouve de nombreux kystes à contenu séreux, clair, dont la grosseur variable atteint, pour quelques-uns, celle d'un grain de chanvre. Vagin normal. Dans les gros troncs veineux de l'abdomen, ainsi que dans l'aorte et ses grosses branches, beaucoup de sang liquide.

Crâne normal; pas d'altération de la dure-mère; dans le sinus longitudinal, caillot fibrineux filiforme; dans les sinus transverses, sang liquide en grande quantité. Pie-mère assez fortement injectée, très-molle, se laissant pourtant détacher sans difficulté. A l'hypophyse, kyste de la grosseur d'un pois, saillant dans la cavité crânienne, à parois lisses, contenant un liquide clair, jaunâtre, gélatineux. Pas d'altération des vaisseaux de la base; hypérémie veineuse du plexus choroïdien. La substance du *cerveau*, gorgée de sang, est d'ailleurs normale; le cervelet, le pont, les pédoncules, la moelle allongée ne présentent aucune anomalie visible à l'œil nu.

La colonne vertébrale étant ouverte, on trouve, correspondant environ à la moitié inférieure de la *moelle*, dans le sac formé par la dure-mère, d'apparence extérieurement normale, une fluctuation très-forte, due à la présence d'environ 1 à 2 onces d'un liquide aqueux clair ; dans la longueur correspondante, la moelle est un peu aplatie. La *pie-mère*, qui adhère davantage aux cordons postérieurs, se montre, en cet endroit, trouble, épaissie, envoyant à la face interne de la dure-mère des adhérences et des tractus filamenteux, fixes et nombreux. En outre, à la région cervicale, la pie-mère offre une coloration brune, due à la présence, dans les cellules de son tissu connectif, d'un abondant dépôt pigmentaire. Sur une section fraîche de la moelle à sa partie supérieure (entre la moelle allongée et le renflement cervical), on ne voit guère d'altération à l'œil nu, et seulement avec beaucoup d'attention, on découvre sur la couche la plus superficielle des cordons postérieurs, là où ils sont couverts par la pie-mère, une *étroite zone, d'aspect légèrement grisâtre*, contrastant avec l'aspect blanc tout à fait normal, des parties du cordon postérieur plus rapprochées du centre, et de toute l'épaisseur des cordons latéraux et antérieurs. A ces régions inférieures de la moelle (renflement cervical et moitié supérieure du segment compris entre le renflement cervical et lombaire), on voit cette *altération grise s'étendre par toute l'étendue des cordons postérieurs*, et même, en y regardant plus attentivement, aux couches des *cordons latéraux* voisines des cordons postérieurs, mais avec moins d'évidence pour l'œil nu. Les cornes postérieures à cette région ne peuvent, pour cette raison, plus être bien nettement distinguées. La scissure postérieure est complétement oblitérée et invisible ; la scissure antérieure normale. Dans la moitié inférieure du segment de la moelle compris entre les *renflements cervical et lombaire*, on retrouve la *même dégénérescence totale des cordons postérieurs, avec envahissement des cordons latéraux;* cependant, ceux-ci peuvent encore se distinguer nettement des premiers, parce que l'altération y offre un aspect gélatineux, gris, plus clair que celui de l'altération foncée, continue des cordons postérieurs. Dans cet espace, la moelle est d'ailleurs dans toute sa longueur manifestement aplatie et plus molle que dans les autres parties, évidemment par suite de la compression et de la macération auxquelles elle est soumise dans le sérum remplissant le sac de la dure-mère; cependant, les cordons antérieurs et la partie des cordons latéraux qui n'avoisinent pas les cordons postérieurs, conservent leur couleur blanche normale. Dans le renflement lombaire, l'atrophie et la dégénération se restreignent simplement aux cordons postérieurs, tandis que les cordons latéraux et antérieurs, ainsi que la substance grise, ont un aspect tout à fait normal; il n'y a pas non plus d'aplatissement ou de macération apparente de la moelle; dans tout le reste de la moelle, jusqu'à son extrémité, l'altération garde la même apparence que dans le renflement lombaire.

Le microscope montre que la dégénérescence des vaisseaux postérieurs est due à la production d'un tissu très-fin, très-délié, dont les faisceaux linéaires courent parallèlement à l'axe longitudinal de la moelle, et dans lequel sont répandus des amas de corpuscules amyloïdes de grosseur variable.

Traités par l'acide acétique, ces faisceaux convergent vers une masse légèrement granuleuse, dans laquelle apparaissent des noyaux assez nombreux, assez gros, ronds et ovoïdes, et dont la plupart renferment 2, 3 et même 4 nucléoles. Les fibres nerveuses paraissent simplement amincies et, dans les endroits où la maladie occupe toute la surface de section des cordons postérieurs, c'est à peine si, çà et là, on retrouve des traces et des restes. Il est remarquable que les corpuscules amyloïdes n'existent pas dans les parties malades des cordons latéraux où, à la place du tissu fibrillaire précédent, les fibres nerveuses se trouvent simplement dissociées, avec de nombreux corpuscules de Hassal, au milieu d'une substance fondamentale, molle, grise, légèrement granuleuse, plus claire par l'acide acétique. Dans les parties saines des cordons latéraux, ainsi que dans les cordons antérieurs, les fibres nerveuses ont gardé leur aspect normal. Les petits vaisseaux des cordons postérieurs offrent çà et là une dégénérescence graisseuse et pigmentaire assez avancée. L'altération que nous venons de décrire se prolonge encore un peu dans les cordons postérieurs de la moelle allongée, pour y disparaître entièrement ; les faisceaux olivaires de la moelle allongée, les olives, les cordons antérieurs, le pont et les pédoncules ne montrent au microscope aucune altération.—Les racines postérieures des nerfs spinaux, particulièrement de ceux qui partent du renflement lombaire et des cordons postérieurs de la queue de cheval sont évidemment atrophiés, plus durs et plus difficiles à dilacérer. Le microscope y montre une prolifération abondante entre les faisceaux de fibres nerveuses pressées l'une contre l'autre et simplement amincies, de tissu connectif, présentant par l'acide acétique des noyaux assez gros, ovales ou ronds. Point de dégénérescence graisseuse des nerfs. L'altération qui vient d'être décrite cesse vers la partie supérieure de la moelle, et est moins prononcée sur les racines des nerfs naissant de la région cervicale et du renflement cervical. Les gros troncs nerveux des extrémités présentent manifestement une grande quantité de tissu connectif interstitiel.

— La lecture attentive de cette observation prouve sans peine que, au point de vue clinique, le tableau est loin d'être complétement celui de l'ataxie locomotrice progressive. Le mode de début indiqué n'est pas celui qui se voit d'ordinaire dans l'ataxie, tandis qu'il est beaucoup plus conforme à celui de la sclérose en plaques. L'embarras de la parole, le tremblement de la tête, le nystagmus, sont des phénomènes morbides étrangers au type classique de l'ataxie. Enfin, contrairement à ce qui a lieu si fréquemment dans cette maladie, la sensibilité cutanée, la vision n'étaient point affectées. Toutes ces particularités rendent donc anormale l'histoire pathologique qui précède.

Si maintenant nous jetons un regard sur les symptômes qui se rapportent à l'ataxie locomotrice, nous voyons qu'ils consistaient en douleurs « déchirantes, erratiques, » en modifications de la marche et des mouvements. Relativement aux premières, nous voyons que « les jambes éxécutent de brusques mouvements de projection en avant, » et qu'il est impossible à la malade « de se tenir debout sans soutien. » En ce qui concerne les secondes modifications, il est dit : « Les mouvements des bras pour prendre un objet éloigné paraissent incertains, irréguliers, sans direction précise. »

Nous avons donc, d'une part, des symptômes propres à l'ataxie locomotrice progressive et de l'autre un certain nombre de symptômes que l'on observe dans la sclérose en plaques disséminées. L'anatomie patologique concorde-t-elle avec la symptomatologie ? Oui, répondrons-nous, car nous voyons que les lésions ne sont pas circonscrites aux cordons postérieurs contradictoirement avec ce qui existe dans l'ataxie locomotrice progressive, indemne de tout mélange. La prolifération conjonctive a-t-elle revêtu primitivement la forme rubanée ou la forme en plaques, c'est ce qu'il serait imprudent d'affirmer. Ajoutons enfin que, en dépit du soin avec lequel cette observation à été prise, l'absence de détails précis, sur le cerveau, sur l'état des ventricules latéraux, sur les parties centrales de la protubérance, du cervelet, et surtout l'examen microscopique de ces régions du système nerveux, si important dans certains cas, nous l'avons vu, est regrettable.

Le second fait de Friedreich, qu'il nous reste à examiner, outre certains symptômes de la sclérose en plaques, a offert des lésions qui se rattachent bien plus encore que celles qui sont consignées, dans l'observation précédente, à la sclérose en plaques. Le lecteur en jugera lui-même.

OBSERVATION XXIII.

SCLÉROSE DES CORDONS POSTÉRIEURS; SCLÉROSE EN PLAQUES.

Faiblesse et douleurs lancinantes dans les membres inférieurs (17 ans). — *Faiblesse et lourdeur dans les membres supérieurs* (26 ans). — *Embarras de la parole.* — *Douleurs frontales.* — *Inflexion du rachis.* — *Troubles des mouvements.* (Trad. E. TEINTURIER.)

Salomé Süss, de Spock, célibataire, née le 22 juin 1831, entre le 6 juin 1859 à l'hôpital académique. Dans sa quatorzième année, sa taille commença à « se déjeter ; » simultanément fréquentes palpitations. A part cela, elle se porta bien jusqu'à 16 ou 17 ans, où elle ressentit de la faiblesse progressivement croissante dans les deux extrémités inférieures, en même temps que des douleurs déchirantes erratiques dans ces membres. Au dire de la malade, ces phénomènes apparurent des deux côtés à la fois. Vers 20 ans, tandis que la faiblesse paralytique des jambes augmentait, surviennent de la faiblesse et de la lourdeur dans les extrémités supérieures, également des deux côtés à la fois, mais sans sensations douloureuses. A 26 ans seulement, la parole s'embarrassa et devint bégayante. Les douleurs déchirantes notées plus haut reparurent de temps à autre, jusqu'à l'époque de l'entrée à l'hôpital ; la malade dit aussi avoir parfois éprouvé, dans les deux années qui précédèrent son entrée, des contractions convulsives dans les muscles péroniers. Jamais de vertiges ; seulement, de temps en temps, dans la dernière année, des douleurs frontales durant d'une demi-journée à un jour. Depuis quatre ou cinq ans, la malade souffre d'une toux sèche fréquente, avec constriction de la poitrine et dyspnée permanentes depuis deux ans, et s'exaspérant parfois. L'inflexion de la colonne vertébrale est allée en augmentant, lentement, mais sans cesse. Urination et défécation toujours normales. Les règles apparurent pour la première fois à 22 ans, et n'ont reparu que quelquefois, avec des intervalles même d'un an.

État actuel, le 8 juillet 1859. La malade, bien que d'une constitution faible et assez grêle, est en somme d'un embonpoint satisfaisant et ne présente aucune diminution notable du volume des muscles; son teint est maladif, livide, terreux. Parole bégayante et embarrassée, cependant facile à comprendre; les bras peuvent encore se mouvoir volontairement, mais avec une certaine difficulté; les mouvements sont mal assurés et lourds; impossibilité de se boutonner, d'enfiler une aiguille. Si on présente un objet à la malade pour qu'elle le saisisse, la main ne s'en empare qu'avec des mouvements incertains dans diverses directions, et après maints insuccès. Les mains ne peuvent exercer qu'une pression très-insuffisante et bientôt épuisée. Couchée, la malade peut allonger et replier les jambes, les porter dans l'adduction et l'abduction, mais avec une peine et des efforts visibles; il lui est impossible de marcher et de se tenir debout sans secours et sans appui. La station assise est également impossible; la malade s'affaisse sur elle-même. La sensibilité des muscles, au courant électrique, est normale, ainsi que la contractilité électro-musculaire. Aux extrémités inférieures seulement, des courants même très-forts, qui provoquent des contractions très-énergiques, sont beaucoup moins douloureux à la malade que les courants de force égale appliqués aux extrémités supérieures; la sensibilité électro-musculaire est donc affaiblie à un certain degré aux membres inférieurs.

La *sensibilité cutanée*, examinée avec le compas de Weber, *ne paraît nulle part amoindrie;* le plus léger attouchement de la surface cutanée est partout très-nettement perçu; l'excitation électrique est aussi très-bien sentie par toute la peau. — L'ouïe et la vue sont normales, ainsi que le goût et l'odorat. Pupilles moyennement dilatées, réagissant normalement; seulement, quand la malade regarde fixement un objet éloigné, la pupille droite se dilate plus que l'autre. *Nystagmus* léger; les mouvements de globe oculaire sont d'ailleurs normaux. Nul phénomène paralytique dans les muscles de la face.

La luette et la langue tirées hors de la bouche gardent la direction ordinaire.

Cyphose et scoliose droites prononcées, toutes deux à un haut degré dans la région dorsale de la colonne vertébrale, d'où rétrécissement considérable de la cavité thoracique à droite. La percussion ne révèle aucune altération qui ne puisse s'expliquer par la difformité thoracique. Le murmure vésiculaire respiratoire est faible, mais partout très-distinct. Le diaphragme est un peu plus élevé qu'à l'état normal; le poumon s'arrête en avant assez haut. Le choc du cœur, un peu dévié, se fait sentir dans le quatrième espace intercostal, un peu à gauche du mamelon. Dans le ventricule gauche, souffle systolique fort, accompagnant le premier bruit encore très-nettement perceptible; le second bruit est renforcé. Il n'est pas certain qu'il y ait hypertrophie du cœur. Légère turgescence des veines cervicales. Foie et rate à l'état normal, ainsi que l'urine. Appétit satisfaisant; défécation normale. Quelques jours après l'entrée de la malade, les règles suspendues depuis longtemps, reparaissent dans de bonnes conditions. Depuis longues années, d'ailleurs, la malade est affectée de leucorrhée.

Dès les premiers temps du séjour à l'hôpital, se déclare une nouvelle affection. Sans cause apparente, la malade commence à se plaindre, le 22 juillet, d'un sentiment de langueur et d'abattement plus grand, d'anorexie, de douleur à la région temporale, de vertige, de soif plus vive. Langue couverte d'un enduit blanc, mais humide. Respiration accélérée avec sensation de dyspnée plus forte et palpitations. Quelques jours plus tard, les symptômes précédents persistant, il y a plusieurs fois par jour des selles fluides.

1er *août*. — Dans ces derniers jours, l'état de la malade a empiré; la faiblesse est si grande que la malade peut à peine mouvoir ses extrémités; en outre, il y a des accès passagers de collapsus menaçant. La respiration est plus courte et plus fréquente; la parole à peine intelligible. Un peu de somnolence; tête chaude avec vertige persistant, souvent sueurs passagères de la face. L'abdomen n'est pas gonflé, mais la pression sur la région cœcale est douloureuse. Pas de toux, pas de signes objectifs de catarrhe bronchique. Pouls à 112 le matin, à 122 le soir; température 31°,4 R. Rate un peu grosse : la cypho-scoliose en rend la mensuration difficile. Traces d'albumine dans l'urine.

5 *août.* — Depuis quelques jours, la diarrhée a fait place à de la constipation. Somnolence prononcée et faiblesse croissante. Langue toujours chargée et humide. Ni toux, ni râles; par contre, la dyspnée permanente est coupée, surtout l'après-midi et le soir, pas de violents accès de suffocation. Sueurs abondantes avec éruption miliaire très-étendue; les vésicules isolées sont entourées d'une auréole rouge. Pieds, mains et nez frais; température à 30°,9 le matin, à 31°,3 R. le soir. Pouls très-petit et très-faible, mais régulier, de 120 à 135.

6 *août.* — Accès très-violents et très-fréquents de dyspnée et de collapsus, avec refroidissement du corps, qui présagent une fin prochaine. Dans la nuit la malade est insensible à tout, et meurt le 7 août à quatre heures du matin.

Autopsie le 7 août, à trois heures de l'après-midi. — Rigidité considérable; muscles de consistance très-ferme et de couleur rouge-brun foncé; les muscles de la région dorsale montrent seuls une dégénérescence graisseuse prononcée, plus grande à gauche. Cypho-scoliose considérable à droite dans la région dorsale. Tissu cellulaire sous-cutané assez bien développé. Le diaphragme assez élevé des deux côtés, mais surtout à gauche, où il s'élève presque jusqu'à la quatrième côte. — Le péricarde renferme 8 à 10 onces d'un liquide jaune clair; la pointe du cœur arrive jusque vers la ligne axillaire. Les deux cavités gauche contiennent en grande abondance du sang, en partie liquide, en partie coagulé, avec quelques rares caillots fibrineux; de même pour le cœur droit. Trou ovale fermé. Les muscles du ventricule gauche sont fortement hypertrophiés, surtout le muscle papillaire : les faisceaux tendineux de la mitrale sont épaissis, surtout au voisinage de leur insertion à la valvule, dont la substance est aussi notablement épaissie; le bord libre en est irrégulier, gonflé et bordé de végétations dures en forme de crête de coq.

Dans la substance de la languette antérieure de la valvule mitrale, concrétion calcaire grosse comme un pois, environnée de petits points calcaires du volume d'un grain de chanvre, avec rétraction considérable du tissu en ces endroits. Les nodules des valvules aortiques sont un peu épaissis; celles-ci sont en outre réticulées. Les muscles du ventricule droit sont également hypertrophiés, mais à un moindre degré qu'à gauche; les valvules droites sont normales. Consistance et couleur du cœur normales. — Le *poumon gauche* est d'un volume évidemment plus petit; il présente en arrière et latéralement de vieilles adhérences. Atélectasie étendue dans le lobe moyen, comme à la partie postérieure du lobe inférieur. Œdème prononcé du sommet du poumon, diminuant en avant; il renferme une quantité médiocre de sang. Dans les grosses bronches, dont la muqueuse est rougie par une fine injection, grande quantité de liquide mousseux, mais non muqueux. Ganglions bronchiques un peu hypertrophiés et mélaniques. Poumon gauche sans adhérence, mais également très-petit, par suite du rétrécissement de la cavité thoracique due à la courbure spinale; sommet très-hypérémié et œdémateux; la partie inférieure du lobe supérieur l'est moins; au contraire, œdème très-grand du lobe inférieur. Les parties postérieures et latérales des deux lobes offrent une atélectasie également étendue. Bronches comme à droite. — Branches de l'artère pulmonaire normales des deux côtés. — Corps thyroïde un peu hypertrophié, hypérémié et hyperplasié, avec petits noyaux colloïdes. — Rien au larynx ni à la trachée. — *Rate* considérablement gonflée (8 pouces de long, 4 de large, 1 1/2 d'épaisseur); sa capsule en est fortement tendue. A la coupe, il sort de la capsule une pulpe très-abondante et molle, friable, rouge-brun, dans laquelle on reconnaît de nombreux corpuscules de Malpighi, grisâtres, gonflés, mais peu de la trame. Une rate surnuméraire de moyenne grosseur, également hyperplasiée, présente le même fait. — Le *foie*, de volume normal, à part une médiocre hypérémie veineuse, ne montre aucune altération apparente. Bile et vésicule normales. — Dans l'*estomac*, un peu de chyme blanc-grisâtre : légère rougeur à la surface de la muqueuse; dans la région cardiaque, un peu d'hypérémie; au cul-de-sac, groupe d'extravasats sanguins. Œsophage et duodénum normaux. La moitié inférieure de l'iléon renferme une bouillie jaunâtre qui alterne, dans la partie supérieure, avec des espaces vides. Dans le jéjunum, petite quantité de pâte, de nature épithéliale, mêlée de quelques traces de bile. La muqueuse du petit intestin est presque partout gonflée et fortement injectée. Dans la moitié inférieure de l'iléon des grappes de plaques de Peyer sont, les unes récemment envahies par une matière médulliforme, les autres converties en ulcérations déjà nettoyées ou encore recouvertes de petites eschares adhérentes. Les ganglions mésentériques le long du cœcum, et ceux de la moitié inférieure de l'iléon, du volume d'une noisette, sont, pour la plupart, d'un rouge livide et d'une consistance molle. Les vaisseaux de l'épiploon et du feuillet intestinal du péritoine sont remplis de sang rouge clair; le côlon est fortement météorisé; sa portion transversale est adhérente à la portion ascendante; à l'intérieur, quantité médiocre de fèces consistantes. Les vaisseaux, gros et petits, de la muqueuse cœcale sont injectés en rouge clair; dans le côlon, fort gonflement des follicules isolés. Dans le rectum, masses fécales bien moulées, à moitié dures; forte infection veineuse de la muqueuse.

Les deux veines sont d'une grosseur et d'une surface normales; les pyramides offrent une hypérémie considérable à leur base; leur région papillaire est au contraire pâle, homogène et laisse échapper, à la pression, beaucoup de liquide trouble. A la base d'une pyramide du rein droit, tumeur fibroïde du volume d'un pois; dans la muqueuse des bassinets, surtout à gauche, nombreux extravasats capillaires, punctiformes. Vessie vide, hypérémie veineuse vers le col. Muqueuse vaginale dysentérique et hypérémie veineuse. Hypérémie rouge clair du stroma des deux ovaires, où l'on trouve de nombreux follicules de de Graaf.

Dans l'ovaire gauche, corps jaune récent; dans le droit, corps jaune très-ancien. Hymen persistant. — Grande quantité de sang fluide dans l'aorte et les grosses artères du corps; la tunique interne de l'aorte thoracique et abdominale, quelques taches circonscrites de dégénérescence graisseuse. Dans la veine-cave inférieure et les grosses veines du bassin et des extrémités inférieures, sang fluide en abondance.

Voûte crânienne hypérémiée, surtout dans le diploé ; les impressions digitales et les juga cerebralia sont fortement attaquées ; à la partie antérieure du pariétal droit, dépressions profondes, produites par de gros corps de Pacchioni. Dans le sinus longitudinal, caillot commun filiforme ; dans le sinus transverse, sang fluide. La *pie-mère*, qui se détache facilement, présente une injection fine et serrée ; elle est très-molle et se déchire aisément. La substance cérébrale, d'une dureté et d'une fermeté particulières, comme celles qu'on observe d'ordinaire dans le typhus, est médiocrement pourvue de sang. Les gros ganglions cérébraux, ainsi que la base du cerveau et les nerfs qui en partent, ne présentent rien d'anormal. Au contraire, à l'ouverture du quatrième ventricule, l'*épendyme de la moitié inférieure de la fosse rhomboïde voisine de la moelle apparaît assez fortement épaissi, dur et calleux, tandis qu'il est normal à la moitié supérieure.* Le pont et les pédoncules cérébraux sont normaux. L'épendyme des ventricules latéraux est un peu épaissi, ainsi que les plexus et les glomi (?), mais le ventricule ne renferme pas de collection aqueuse.

Dure-mère spinale normale à sa face externe ; sa face interne est rattachée à la pie-mère par des adhérences nombreuses, en fils et en bandelettes, mais évidemment anciennes, blanches, se déchirant facilement ; le ligament dentelé, tout le long de la moelle, offre de l'épaississement et un aspect laiteux ; de même la *pie-mère*, spécialement au voisinage des *cordons postérieurs, est trouble, épaissie,* plus dure et si adhérente aux cordons postérieurs, qu'elle s'en détache très-difficilement. La partie de la *pie-mère qui recouvre la région cervicale et la partie inférieure de la moelle allongée, présente une pigmentation jaune-brun, intense.* Dans le sac de la dure-mère, correspondant à la moitié inférieure de la moelle, collection assez abondante d'un liquide clair, aqueux, donnant, avant l'ouverture du sac, une fluctuation manifeste. Renflement cervical de volume normal.

A la coupe, on voit que les cordons latéraux et antérieurs sont intacts ; au contraire, les cordons postérieurs se distinguent nettement par leur aspect grisâtre et leur dureté frappante. Cette altération se prolonge au même degré sur les faisceaux postérieurs entre le renflement cervical et la moelle allongée; elle est de beaucoup plus prononcée entre les deux renflements cervical et lombaire. Dans ce segment, la moelle est quelque peu aplatie, les cordons postérieurs atrophiés à un degré considérable, durs et affaissés, de sorte qu'un large sillon parcourt la partie postérieure de la moelle. L'aplatissement de celle-ci parait dû essentiellement à cette atrophie des cordons postérieurs. A la coupe, la substance des cordons latéraux et antérieurs paraît intacte à l'œil nu, de blancheur et de consistance normales; les cordons postérieurs, se distinguant nettement des cordons antérieurs, sont de couleur grisâtre; le sillon longitudinal postérieur est invisible à certains endroits, à d'autres apparaît comme une mince ligne blanchâtre; les cornes grises se distinguent difficilement du reste de la moelle. Plus bas, dans le renflement lombaire, plus d'aplatissement sensible de la moelle, les cordons antérieurs et latéraux paraissent tout à fait normaux, tandis que les cordons postérieurs sont toujours aplatis et un peu affaissés, bien qu'à un degré beaucoup moindre que plus haut, et se séparent nettement des cordons latéraux par leur consistance plus dure et leur aspect grisâtre. L'altération s'étend de la même façon jusqu'à l'extrémité de la moelle. La commissure blanche au fond du sillon antérieur se reconnaît facilement sur les coupes faites à toutes les hauteurs. Outre la dégénérescence, on observe les lésions remarquables sur le segment de la moelle compris entre les deux renflements. Vers la moitié inférieure de ce segment, on trouve, courant parallèlement à l'axe de la moelle, deux canaux d'une ligne environ de diamètre, creusés en grande partie aux dépens de la substance grise, au point de conjonction latérale des cornes antérieure et postérieure, et un peu aux dépens des cordons latéraux. Ces canaux renferment une petite quantité de fluide clair, leur paroi est ferme et complétement lisse, et une sonde assez grosse y pénètre facilement. Plus haut, dans la moitié supérieure, on trouve, au lieu de canaux, des deux côtés de la moelle, des *agglomérats ronds*, de même diamètre et dans la même situation que les canaux, et dont le tissu gélatineux, translucide, est fortement séreux et œdémateux.

e quide de ce tissu étant écoulé en partie, il reste un tissu aréolaire, lâche, délicat, qui s'affaisse et produit au-dessous du niveau du reste de la surface de section de petits trous ronds.

Évidemment, c'était là la première phase de la formation des canaux, et les agglomérats décrits tout à l'heure rappellent par leur aspect à l'œil nu les points de ramollissement du cerveau. Au-dessous du renflement lombaire, on trouve encore des traces de ce travail morbide.

Le microscope montre dans les cordons postérieurs exactement la même dégénérescence que dans les autres cas; c'est le même tissu fin, filamenteux, serré, avec atrophie et amincissement des fibres nerveuses et corpuscules amyloïdes interposés. Sous l'influence de l'acide acétique, nombreux noyaux, petits, ronds ou ovales. Entre les deux renflements, l'altération est si avancée, que l'on n'y découvre plus que çà et là quelques traces rares de fibres nerveuses; dans la partie de ce segment adjacente au renflement lombaire, *une lésion analogue, mais invisible à l'œil nu, occupe la partie du cordon latéral gauche*, qui touche au cordon postérieur. Le microscope y montre une prolifération analogue, d'un tissu finement fibrillaire, linéaire, avec atrophie médiocre et varicosité prononcée des fibres nerveuses, mais à un degré moins considérable que dans les cordons postérieurs.

Sur une préparation de la face interne des canaux décrits plus haut, on voit, entouré d'une substance fondamentale granuleuse, légèrement nucléaire, un tissu connectif composé de fibres très-fines, plus clair par l'acide acétique, analogue à celui des cordons postérieurs et un assez bon nombre de fibres nerveuses minces, mais encore bien conservées. Les mêmes éléments histologiques se retrouvent dans le tissu mou, œdémateux, qui, comme nous l'avons dit, produit à la coupe de petites excavations à la place des canaux.

Les racines postérieures des nerfs spinaux sont, dans toute la longueur de la moelle, plus minces, plus plates qu'à l'état normal et manifestement atrophiées. Le microscope montre les fibres nerveuses amincies; la moelle nerveuse est figée, grenue. Le tissu cellulaire interposé est très-abondant et l'emporte évidemment sur la masse nerveuse; par l'acide acétique, les fibres ondulées et enchevêtrées de ce tissu s'éclaircissent et font place à des noyaux très-abondants, ovales, ronds, fusiformes, qui sont partout en voie évidente de scission et de prolifération. Il n'y a pas ici de corpuscules amyloïdes. La même altération s'observe sur les nerfs de la queue de cheval naissant de la partie postérieure de la moelle. Les racines antérieures des nerfs spinaux n'offrent rien de semblable.

— L'invasion, ici, s'est effectuée de la même façon que dans le premier cas; nous ne reviendrons donc pas sur ce point. De plus, nous voyons que la malade a eu des contractions convulsives dans les muscles péroniers, du bégaiement, du nystagmus, de l'affaiblissement de la motililé et de la vision, et, en outre, que la sensibilité cutanée était intacte.

D'un autre côté, à part les douleurs fulgurantes, il n'y a rien de net relativement à l'ataxie, car les troubles du mouvement sont assez mal caractérisés pour que l'on puisse se demander s'il s'agit du tremblement de la sclérose en plaques ou de l'incoordination de l'ataxie locomotrice : « Les bras peuvent encore se mouvoir « volontairement, mais avec une certaine difficulté. Les « mouvements sont mal assurés et lourds; impossibilité « de se boutonner, d'enfiler une aiguille. Si on présente « un objet à la malade pour qu'elle le saisisse, la main « ne s'en empare qu'avec des mouvements incertains « dans diverses directions, et après maints insuccès. » Que ressort-il de là? C'est que, incontestablement, il y a un mélange des deux maladies.

L'autopsie, à son tour, nous fournit des arguments d'une grande valeur. « A l'ouverture du *quatrième ven-*

« *tricule*, l'épendyme de la moitié inférieure de la fosse « rhomboïde voisine de la moelle apparaît assez forte- « ment épaissi, dur et calleux, tandis qu'il est normal à « la moitié supérieure. » Qu'étaient les lésions décrites dans ce passage? Y avait-il là une plaque de sclérose? la question est faisable.

Et plus loin : « l'épendyme des ventricules latéraux était un peu épaissi... » ne laisse-t-il pas supposer l'existence d'une autre plaque de sclérose? Affirmer est impossible; mais notre hypothèse est vraisemblable. « La pie-mère, *spécialement* au voisinage des cordons postérieurs, est trouble, épaissie, etc. » Or, le mot *spécialement* laisse croire que, en d'autres endroits, cette membrane offrait des lésions semblables. Nous lisons encore que « la partie « de la pie-mère qui recouvre la région cervicale et *la* « *partie supérieure de la moelle allongée*, présente une pig- « mentation jaune-brun, intense. » Or, à ce niveau, il n'y avait pas d'altération des cordons postérieurs et cette pigmentation jaune-brun, intense, *partielle*, rappelle bien l'aspect de la pie-mère en face d'une plaque de sclérose.

Ces altérations de la pie-mère sont identiques à celles que nous avons signalées dans l'histoire de Coadon (page 194) et, par conséquent, en admettant même qu'il n'y eût rien de visible à l'œil nu, n'aurait-on pas, comme dans le cas précité, reconnu, au microscope, les lésions caractéristiques de la sclérose?

Enfin, point capital, et qui démontre que nous avons raison d'insister sur ce mode d'investigation, c'est que, dans le segment de la moelle voisin du renflement lombaire, alors que l'œil nu ne faisait découvrir aucune lésion sur le *cordon latéral*, le microscope montrait « une « prolifération (analogue à celle des cordons postérieurs), « d'un tissu finement fibrillaire, linéaire, avec atrophie « médiocre et varicosité prononcées de fibres nerveuses, « mais à un degré moins considérable que dans les cor- « dons postérieurs. »

La valeur de ce résultat n'échappera à personne. La réalité des lésions scléreuses, alors qu'elles échappent à l'œil nu, en confirmant ce que nous avons dit dans un chapitre précédent, vient donner un appoint considérable à l'opinion que nous avons émise, à savoir, la *coexistence, dans ce cas, de l'ataxie locomotrice progressive et de la sclérose en plaques disséminées.*

CHAPITRE III

SCLÉROSE CORTICALE. — SCLÉROSE DES CORDONS ANTÉRO-LATÉRAUX

Plusieurs fois, dans le cours de nos recherches sur la sclérose en plaques, nous avons fait sentir la variabilité, la diversité d'aspect de cette lésion — *sclérose*. Nous avons indiqué sa forme rubanée (page 1), sa forme en *plaques* laquelle présente des variétés nombreuses, selon qu'elle occupe de préférence tel ou tel système des faisceaux de la moelle (page 75), et, en particulier les faisceaux antérieurs (page 76) et les faisceaux postérieurs (page 204), Pour compléter quant à présent au moins, car il n'est pas dans nos habitudes de préjuger l'avenir, il nous reste à signaler la *sclérose corticale* ou *annulaire* dont M. Vulpian a publié récemment un bel exemple. Le relater *in-extenso* serait étendre démesurément ce travail, aussi tiendrons-nous compte surtout du résumé de l'auteur.

« Il s'agit, dans cette observation, d'une femme (B... Léonore, couturière, entrée à la Salpêtrière le 7 novembre 1861), morte à l'âge de 69 ans, de cystite purulente et gangréneuse, et d'eschare à la région du sacrum, et chez laquelle une affection de la moelle avait commencé à se développer vers l'âge de 52 ans. Le début a eu lieu par un affaiblissement des membres inférieurs et ne paraît pas avoir été précédé ni accompagné, soit par des douleurs fulgurantes, soit par des troubles de vue. Cet affaiblissement aurait augmenté progressivement mais lentement, et quatorze ans après le début, la malade pouvait marcher encore à l'aide de deux béquilles, ou en étant fortement soutenue par une autre personne. Dix-huit mois plus tard, elle ne pouvait à peine plus se tenir debout, même en s'appuyant sur les barreaux de son lit. La sensibilité était très-affaiblie dans toute la surface des membres inférieurs, lorsqu'on l'examina en 1862 et en 1866. Lors de son dernier séjour à l'infirmerie, en 1868, on constata qu'au niveau de la face dorsale des pieds, la sensibilité avait reparu et qu'elle y existait même à un degré très-voisin de l'état normal.

« On avait recherché avec soin tous les phénomènes ordinaires des cas de sclérose des faisceaux postérieurs. L'ataxie des mouvements n'a jamais été bien marquée; le pied gauche, lorsqu'elle marchait encore, était lancé d'une façon un peu exagérée; mais il n'y avait pas de véritable incoordination motrice. Au lit, elle levait l'un ou l'autre de ses membres inférieurs, sans déviation involontaire et les maintenait soulevés sans qu'ils fussent pris d'oscillations. La force musculaire des membres, examinée chez la malade couchée, a paru toujours assez considérable, si ce n'est dans les trois derniers mois de la vie.

« C'est en 1866 qu'il est question, pour la première fois, de douleurs spontanées assez vives dans les membres inférieurs, douleurs analogues à des élancements et accompagnées parfois de secousses convulsives. Mais ces douleurs ne paraissaient pas avoir réellement le caractère fulgurant. Les notions de position des divers points du corps ont toujours été nettes; de plus, sauf l'affaiblissement de la vue, il n'y a eu aucun trouble des fonctions des yeux. Enfin, à une certaine époque, à la fin de l'année 1867, on avait noté l'existence d'un tremblement général du corps, lorsque la malade cherchait à se tenir debout, et surtout lorsqu'elle essayait de marcher. Par tous ces caractères, l'ensemble des symptômes observés chez cette malade s'éloignait notablement de celui que l'on constate lorsqu'il s'agit de la sclérose des faisceaux postérieurs. Aussi avait-on toujours vu que la lésion de la moelle devait différer, sous certains rapports, de celle de l'ataxie locomotrice progressive.

« L'autopsie devait confirmer cette présomption. En effet, au lieu d'une sclérose des faisceaux postérieurs, on a trouvé une sclérose occupant la couche corticale de la substance blanche de la moelle dans toute la périphérie de l'organe et dans toute sa longueur. En même temps que cette sclérose corticale, on constatait l'existence d'un méningite spinale, très-prononcée surtout au niveau de la face postérieure de la moelle, mais reconnaissable encore sur les faces antérieure et latérales de la moelle.

— Ce résumé complète les détails que nous avons donnés sur la sclérose en plaques. Chercher à établir un diagnostic entre la maladie qui y est décrite et l'ensemble symptomatique qui caractérise la sclérose en plaques serait, sans conteste, prématuré. Aussi n'insisterons-nous pas sur ce point.

Dans le chapitre V de notre premier travail, — *diagnostic*, — nous nous sommes efforcé de séparer la sclérose en plaques des maladies avec lesquelles il serait possible de la confondre. À cette occasion, après avoir indiqué les différences qui existent entre la sclérose en plaques et l'ataxie locomotrice nous avons dit que nous ne parlerions pas des *myélites chroniques*. Toutefois, il est une maladie qui tous les jours se dégage plus nettement et qui mérite de figurer dans ce chapitre : Nous voulons parler de la *sclérose des cordons antéro-latéraux* avec lésions de la substance grise. Nous allons donc essayer ici de combler cette lacune.

Dans la *sclérose primitive et symétrique des cordons antéro-latéraux* lorsqu'il s'y joint une lésion de la substance grise, et c'est là un cas qui, d'après les observations de M. Charcot, paraît presque habituel, on remarque une atrophie des muscles commençant en général par les membres supérieurs, y restant le plus souvent bornée, s'étendant quelquefois progressivement aux muscles des membres inférieurs, du tronc, etc.

L'atrophie musculaire, en pareille circonstance, se montre telle qu'on l'observe dans l'atrophie musculaire progressive, c'est-à-dire avec : 1° une prédominance marquée de l'atrophie dans certains muscles de la main, ceux de l'éminence thénar, par exemple ; 2° des mouvements fibrillaires, etc. ; 3° des douleurs plus ou moins vives s'y surajoutent; enfin, 4° les membres inférieurs présentent en même temps l'affaiblissement et la rigidité que détermine nécessairement la sclérose symptomatique des cordons latéraux, parvenue à une certaine époque de son développement.

Là se borne, quant à présent, notre tâche. Heureux si, en exposant les travaux publiés jusqu'à ce jour sur le sujet qui nous a occupé, et plus spécialement les recherches capitales de notre maître, M. Charcot, nous avons rendu facile, à tous, la compréhension de cette nouvelle modalité pathologique, la SCLÉROSE EN PLAQUES DISSÉMINÉES !

FIN.

EXPLICATION DES FIGURES

Fig. 1 *aa*. Plaque de sclérose aux dépens de la paroi du ventricule latéral (paroi supérieure).

Fig. 2. Coupe de la protubérance, la moitié supérieure vue par la face inférieure. *aaa*. Noyaux de sclérose.

Fig. 3. *aaa*. Plaques de sclérose ; l'une d'elles coupe en deux parties l'olive gauche. — *bb*. Coloration noire de l'épendyme par le nitrate d'argent.

Fig. 4. A. B. B'. C. Coupes de la moelle.

(*dd*. Partie antérieure).

A. Au-dessus du renflement brachial.

B, B'. Au milieu de la moelle.

C. Trois centimètres au-dessus de la terminaison de la moelle.

(Observation XVI, p. 150.)

— Nous prions M. Ordenstein d'accepter ici nos plus sincères remerciments pour l'obligeance qu'il a mise à nous communiquer cette planche.

PL. II.

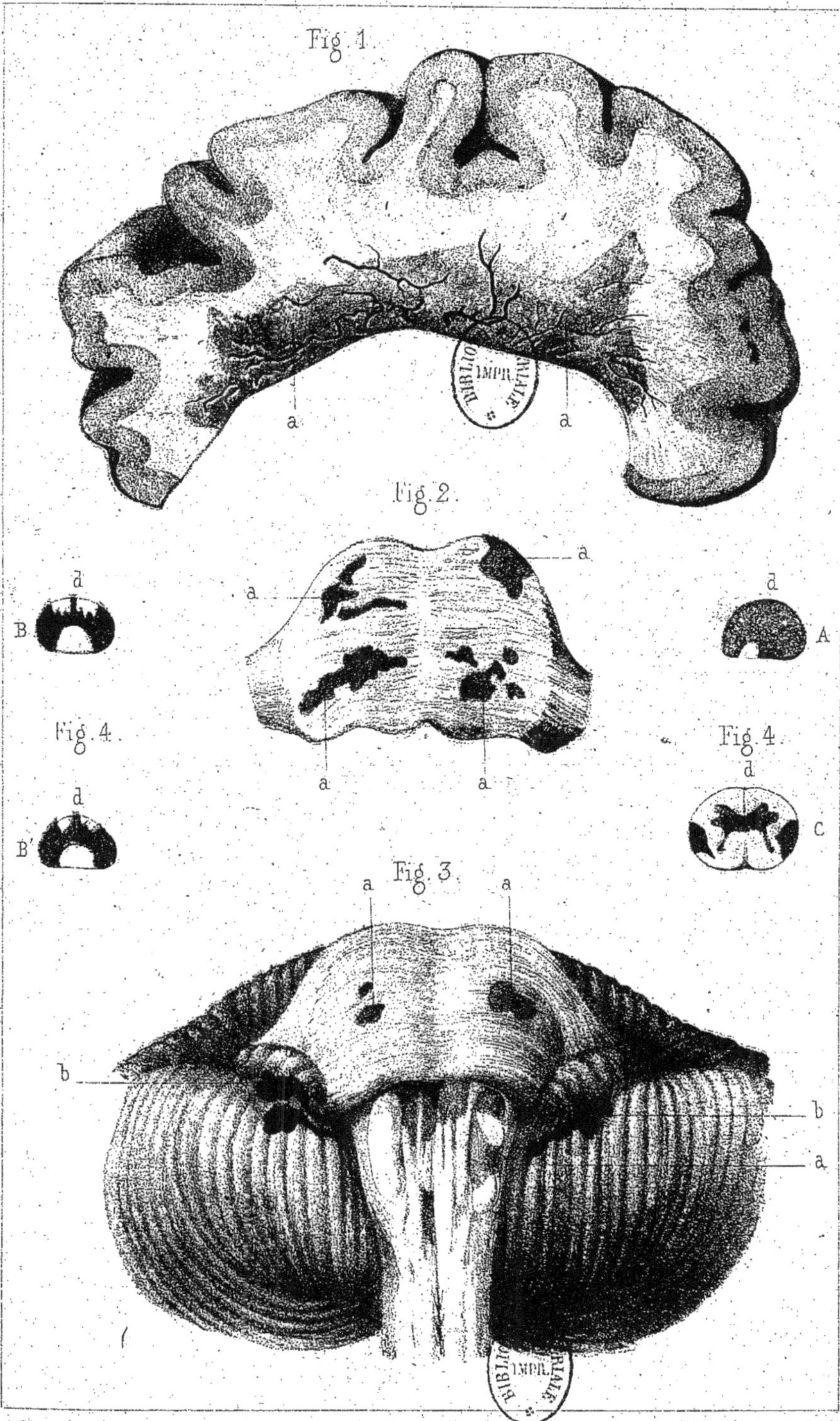

Charcot del. Imp. Becquet Paris. P. Lackerbauer lith.

TABLE DES MATIÈRES

PREMIÈRE PARTIE

INTRODUCTION. 1
CHAPITRE I. . Historique 3
CHAPITRE II. . Anatomie pathologique. 24
Lésions visibles à l'œil nu. 24
Histologie 40
CHAPITRE III. Symptomatologie. 57
Description générale. 61
Analyse des symptômes. 106
CHAPITRE IV. Marche de la maladie 137
Durée. 148
Complications 149
CHAPITRE V. . Diagnostic. 153
CHAPITRE VI . Étiologie. 172
CHAPITRE VII. Pronostic, traitement 176

DEUXIÈME PARTIE

AVANT-PROPOS. 191
CHAPITRE I. . Exemple de sclérose en plaques appréciables seulement avec le microscope. 193
CHAPITRE II. . De la sclérose en plaques dans ses rapports avec la sclérose des cordons postérieurs. 204
CHAPITRE III. Sclérose corticale, sclérose des cordons antérolatéraux 236

PARIS. — IMPRIMERIE VICTOR GOUPY, RUE GARANCIÈRE, 5.

EXTRAIT DES PUBLICATIONS DU MÊME ÉDITEUR

BOURNEVILLE. **Le cas du Dr Pennock** ou Contribution à l'histoire de la Sclérose en plaques disséminées. In-8° de 28 pages avec figures. Paris, 1868 . . . . 75 c.

— **Traitement du tétanos** par la fève de Calabar. In-8° de 16 pages, Paris, 1867. . . . . 50 c.

CARESME. **De l'Influence de la grossesse sur la phthisie.** In-8° de 151 pages. . . . . 3 fr.

CHARCOT (J.). **Leçons cliniques sur les maladies des vieillards et les maladies chroniques**, recueillies par MM. B. BALL et Ch. BOUCHARD. Cet ouvrage se publie par fascicules, avec figures dans le texte et planches en chromo-lithographie. Les 8 premiers fascicules sont en vente. Prix. . . . . 9 fr.

DECORNIÈRE (A.). **Essai sur l'endocardite puerpérale**, vol. in-8° de 122 pages. Paris, 1869 . . . . 2 fr. 50

DURAND. **Des anévrysmes du cerveau**, considérés principalement dans leurs rapports avec l'HÉMORRHAGIE CÉRÉBRALE. In-8° de 132 pages . . . . 2 fr. 50

GARROD (Alf. Baring). **La goutte, sa nature, son traitement, et le rhumatisme goutteux**; traduit de l'anglais par A. OLLIVIER, et annoté par M. CHARCOT, avec 20 fig. dans le texte, et 8 planches dont 6 coloriées. 1 vol. in-8°, cartonné en toile. 13 fr.

GIRALDÈS. **Leçons cliniques sur les maladies chirurgicales des enfants**, recueillies par BOURNEVILLE, E. BOURGEOIS et G. BOUTEILLIER. Vol. in-8° de 868 pages avec 66 figures dans le texte. Prix. . . . . 14 fr.

GRENIER. **Du ramollissement sénile du cerveau** (2e thèse du Dr Grenier). In-8° de 120 pages. Paris, 1868. Prix. 2 fr.

PASCAL (N.). **Du Guaco et de ses effets prophylactiques et curatifs des maladies vénériennes — Du Guaco dans le traitement du choléra**, etc. In-8° de 100 pages. . . . . 2 fr.

PARIS. — IMP. VICTOR GOUPY, RUE GARANCIÈRE, 5.

www.ingramcontent.com/pod-product-compliance
Ingram Content Group UK Ltd.
Pitfield, Milton Keynes, MK11 3LW, UK
UKHW031837260826
14628UKWH00001B/448

9 782019 629571